ほどくよ

どっこい

暗闇へ　梢をのばす　くにつくり

伊藤　晃

ほころべ

よいしょ

〈もくじ〉

２０１５年……193

２０１６／２０１７年……221

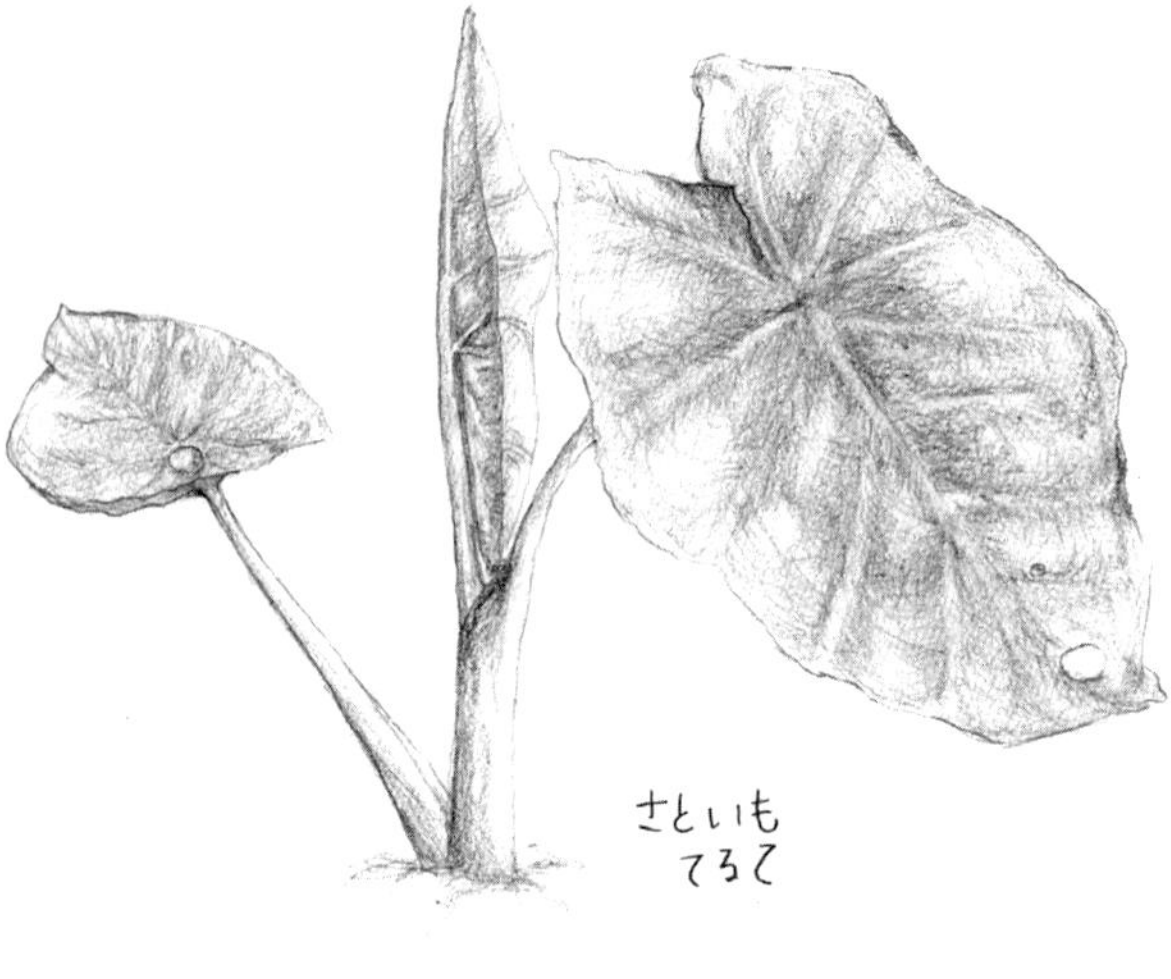
さといも
てるこ

2011年

3月10日

ほころび
春の訪れを告げたはずの梅が
もう一度
いっそうみすぼらしい冬枯れの姿です
春はとんとんと進まず
梅が桜でない道理を納得します
「はい、さようなら」といかず
ボロ着となっても
なお子実を守るのです
我らは
これが宿命と
ご先祖様のなきがらをむさぼりつくす
さて
どんな実を結べましょうか
うたかた

たぶんうたかたの
おしまいのあたりに

3月14日

海の向こうではない
この地べたの先に
食べ物を送り届けるのだ
今までも
そして今こそ
百姓は底力だということを自覚しよう
食べ物作りに没頭しよう

3月19日

風物に杉の花粉が万遍なくまぶされ
そこにはいくらかの放射能もまじるという
そして本当の春がようやくやって来る
桜や多くの花が休むことなく咲き
散っていくのだろう
景色のそこここに花びらが撒き散らされ
たぶんどの花びらにも
いくらかの放射能が付着していくのだろう

2003.6.23

大震災から10日——春を迎えに行く

2011・3・21（「菜園たより」3月4週号）

仙台から一時的に退避してきた娘の応援も受け、できる限りの作付けを続けております。震災後の、身の回りの激変のさ中にあって、自分たちの耕す地べたの先の人たちに食べ物を届ける仕事、百姓はなお、これから先も「底力」だと、強く自覚しました。

化石燃料バブル、人類バブルの終末を生きるわれわれの行く手には、いくつもの困難が待っています。すべて元通りではなくて、未来を見すえた心と、生活の復興を目指します。

今、畑は、冬野菜の残り物を収穫している、一年の中で一番さびしい時期です。一生懸命用意している春野菜が穫れだすのは、例年では春が本格化する4月中旬以降。今年ほど、春の到来を強く願う年はありません。

●配達と宅配便について

先週後半、ガソリンをやっと少しずつ入手できましたので、今週中の配達は大丈夫です。

宅配便につきましては、計画停電の実施状況によっては、遅配のおそれが依然としてありますが、先週発送の便については、ほぼ通常通り配達されています。

●「ノラのパン」のパンをご注文いただいている方へ

計画停電の時間帯によっては、パンの製造工程に影響があります。出来上がりが通常より遅くなり、宅配便での発送が難しくなるおそれもあります。事前に調整できれば、発送の前日に焼いて、お届けすることもあることを、ご了解くださいよろしくお願いいたします。

3月23日

気象も含め
森羅万象
お天道様が決めることだから
人類の生き死にも
きょう蒔いた菜っ葉の種の行く末も
不確かだ
でも今私たちは
お天道様の生き死にも
ちっぽけに思える
大きな摂理　律動の渦中にあることを知っている

3月24日

約束の春は履行されず

天地未だ定まらず
そんな中
人の心も落ち着いていられない
天地創造を逆行するような3月である
人が近づけたくないもの見たくないものは
警告を発し
人のありのままの姿を
輪かくを際立たせ鮮明にした
何ごとにも涯《はて》はある
人の命も
自由も
夢もそこまでである
そこから先は
混沌
我々のゆりかご
墓所である

3月28日

原発から発する霧と皆の喧騒とで
互いの顔も見えず
声も届きにくい中
不安と怖れとが
霧をいっそう深めています
自分の身を守るのに精一杯で
無分別になっている人もいます
霧の中
深々と呼吸をして
百姓は静かな定点となります
私たちを測ってみて下さい

4月3日

日常が覆り
美しいものの大切なものも多く失われた
失われた命は戻って来ないが
残された命がある限り
時間はかかっても
かつての風景と生活は蘇る
それは
必ず果たされる
約束された希望だ
ただ悪しき隣人には
金輪際出て行ってもらわなければならない
それは疲へいした人々を
むしばみ
蘇りを妨げる

4月15日

3月11日以降
この世は　別の世界になりました
地獄でもなく　まして天国でもなく
歩みをピタッと止めていた季節の移ろいも
ひと月を経て疾走を始めました
でも　春は見合わされ
そうでなければ
素通りされたようです
桜花と雑木林の芽吹きは同時にやって来て
霞に煙る里山の
今日の美しさは
千年に一度のものかもしれない
ああ　そうでした
天国も地獄もまた
この世のものでありました

4月16日

百姓は季節を刻む時計の役割を担う
天地が多少乱れても
翻弄されることがあっても
種を蒔き
苗を植える
幸い未来のことは不確実だ
可能性はいつだってあるのだ
私たちは
種や苗の力も把握しきれていないし
起源を特定しても
物事の流れに
上流も下流もなく
去ったものも
かならず帰ってくるのだ

5月6日

とば口にいる
私が言うのも何ですが
田舎だって奥が深いのです
二千年かけて培った知恵もあります
数十年の変化を経ただけで
判断を下せる代物ではないのです
しかし　手をこまねいていれば
あと数年で広大な田舎の情報遺産も
ほとんど失われてしまうでしょう
この国に　知恵と力とを
惜し気なく与えてくれた地方に
少しでもお返ししなければなりません
彼らが力を取り戻すまで支え続けることで
奪い続けたものを
返すのです

5月13日

原発なんかに殺されるな
そんなこそこそとした小さなものに
殺されてはいけません
変わらぬもの
大きな力は
高々と青々とした空のもと
澄み渡り
堂々と今もあります
その力は
ためらうことなく
人々を押し潰し
連れ去り
原発を軽々と打ち壊して行きました
どんなに憎んでもいい
鬼の形相となっても

原発なんかに殺されてはいけません
これまでだって耐えてきた
暴風　洪水　干ばつ　豪雪　大波
しかし
どんな時もその大きな力はとぎれることなく
私たちは果てしなく生まれ
育まれて来たのです
あなたの仇は
あなたや私と同じに小さい力
遠からずこの世界から消し去られるのです
跡形もなく

5月16日

満月の夜
沖合い遠く波間を漂う私は

仰向けで夜空を見上げているようだ
まだ息はあるのかもしれない
「行ってみよう」
ゆっくりとオールを動かし
ボートをあなたの横につけ
静かにそおっと観察する
あなたの目にも私の姿は映っているはずだが
反応はまるでない
私も仰向けになって
同じように空を見上げる

野良へ帰る

2011・5・18（「菜園たより」5月3週号）

もう2カ月もまじめ一本やりで、ふざけることも少なかったな、と少し反省しています。人間たるもの、変態くらいは普通ですが、失格！までいくと、おだやかではありません。でも、たまに、鶏だとか、カメムシくらいに堕ちるのは、よい気分転換で、効用も多分あります。

主眼は何かになることではなくて、去ることです。脳ミソの爆発などを避けるためには、テレポーテーションで遠く去れれば一番いいです。

たとえば、昼寝をしている「ニャー公」（うちの飼い猫）の中に、そっと忍び込むのは、たまらないアイデアです。

そういえば、今日（5月13日）は、夏日と黄砂という、あまりない取り合わせで、心身ともに遅れ気味です。

仕事全体でいうと、間に合っているのか、遅れているのか、よくわかりません。午前中に遅れを嘆いて、午後にこれでよかったのかな、などという風です。確実なこともあります。野菜たちの生育が、1週間から10日くらい遅い（暦の上では）ということです。

さて、畑に、梅の木が2本あるのですが、毎年、開花が少しだけ、ずれるのです。今年は、1本目がすっかり終わってしまってから、やっと2本目がぼちぼちという感じで。結果は歴然としました。つまり1本目は実を結ばず、2本目は鈴なりです。

年に一発勝負の生き物たちは、思案が大変です。翻って、空模様も前述のように、今何をしようかと、迷っているようにも、場当たり的にも思えてきます。

5月になっても、天地定まらない状態は続いています。

「野良で考えたこと」——原発事故以来

2011・5・28

私がここに書き記すことは、すでに誰かによって語られたことかもしれないし、その焼き直しかもしれません。ありそうなこととして、古くて狭く浅い思考なのかもしれません。私は、ネットとか携帯電話とはほぼ切り離されているため、古いメディアに頼り、野良で考えたことばかりだからです。

考慮するに値しないようであれば、素通りしてください。一読してもらえたなら、誤りや不足を痛烈に批判されたいと思います。

●始めに

大震災が引き金をひいた原発事故によって、海と大地と大気が汚染され、それらを共有する地球上のすべての人、生物が、程度は違っても同じ被災者となりました。

しかし、私はこの国の大人として、「起災者」としての責任を負っています。

地震の只中に、津波の前面に、原発を置いたのも、そこで得られた電力を使い、原発推進を「国策」とする政府を選んだのも、私たちでした。「国策」を支持し、あるいは放置し、撤回させなかったのは、私たちだったということです。

政府はもちろん、私たちも世界に向かって詫びなければなりません。

これは、原発の是非を問う前の前提です。

●「国策」とは何か

福島に原発が建設されたのは、40年前、私が小学生の時です。

そのころ「公害」が全国各地で深刻な事態を引き起こし、発覚し始めていました。営利活動は目先にとらわれ、モラルはついてこなかったのです。

人間の都合が最優先され、「改造」は、身の回り至る所で、色々なものを押し潰し、埋め立て、展開していきました。

福島原発の稼動から10年ほどして、私は初めて原発と出会いました。

同時に「国策」とも。

公害の街で、その渦中育った私は、「成長」「発展」に懐疑的でしたし、巨大技術、「原子力の平和利用」など信じられませんでした。

都市の無責任な住人であった私は、小さいけれど懸命の反原発運動のさ中、「原発はいりません。」の一点張りだったけれども、仙台で、女川で、柏崎で、機動隊に取り囲まれました。

原発は、「国策」でした。

しかし、今日に至るまで、郵政選挙というのはあったけれど、原発選挙などありませんでしたし、是非を問う国民投票など一度も行なわれてはいません。

為政者の話として、現都知事の「原発をもって核武装しろ」とか、元首相の「原発がなければ、日本は四等国」、という発言が目についただけです。

経緯が判然とせぬまま、既成事実が積み上げられ「国策」は成りました。

スリーマイル島、チェルノブイリで破滅的な事故が起こりました。日本国内においても、中小（?）の事故は日常茶飯でした。

しかし、政府、電力会社は、原発のイメージアップをエスカレートさせ、今日に至ったのです。

理不尽極まる。

稼ぎ手、担い手を、中央へ送り出し、人をつなぎとめる金もない、老い先が知れた田舎町が、とっておきの財産を差し出す見返りに、原発も、お金もやってきます。

心細さにつけ込み、足元を見られ、原発立地の話はやって来るのです。

誘致とは、為政者側の言い分です。

誘致は、誘導されて、最後は力づくでなされてきたのです。

電力は、地域の魂が、姿を変えたもののように流れ出し、都市の人々を助けてくれました。枯渇へ向かう村があって、蕩尽へ向かう街があったのです。

理不尽は、50年前からありました。それは城を成し共存共栄を装い、大洋の前に象徴的に建っていました。

3月11日以降、理不尽の象徴は瓦解し、爆発し、人々の上に、間に、内部にまで襲いかかりました。

初めは、目に見えぬ形で、広く東日本一帯にほんの数日で到達しました。

そして、理不尽は、目の前にくっきりと現れました。

それは、人畜が消え、廃墟となった村々です。

理不尽はまだ続く。震災で傷ついた人々は、放射能からの逃げ足も失っていました。車を失い、情報も失い、一切を失い、徒歩で避難した人も多いようです。

根ざしていた風土、共に生きていた生き物たちを置き去りにして、不明のままの家族、親しい人たちを残し、遠く去ることができない人もいたでしょう。

そのさ中、中央では、被災地から遠く離れた人たちが、新幹線で、車で、はるか遠方へ避難していきました。畳みかける理不尽の只中にとり残され、留まる人々は、避難所で暮らす人たちは、虚脱感、無力感と向き合わされたでしょう。

彼の地には、かつての、そして未来のこの国の景観が多く残されています。

しかし、「美しい国を守る」と言うような人たちが、世界をいじくり、風景を作り変え、景観を黙々と守る人々に理不尽をしい、追いつめてきたのです。

生まれ育ったその土地で暮らすことが全てである人たち、そのような人たちを、引きはがし、「退避」させることで、何かを守れるという考えは、見当違いです。

「原発事故で直接的には一人の死者も出ていない」というのも、まやかしです。すでに多くの人が命を絶たれました。

去る者も、残る者も解体されたのです。

はびこる夏草を押し返し、厳しさを増す気象や、すきあらば作物を台無しにしてしまう外敵に対応できたとして、この上感知できぬ「悪」、放射能を、新しい器官で見張るなどということが、この先できるでしょうか？

●「国策」を前にして

これまで「国策」を支えてきた、二通りの人々のことを考えてみます。（極端かもしれませんが、代表的な人々です）

市民と呼ばれる人々の中の保守層と、もう一方は農業者たちです。

前者は主に経済的理由から、自民党長期政権をささえ、「国策」を支持してきました。経済的格差は、常態化し、広がっていくばかりでしたが、彼らは比較的、自由や快適さを得ていた人々です。関心事は、安く、安心で、安全であることでしょうか。国内では、多数派だと思います。

「国策の誤りのツケを払うのはゴメンだ」というスタンスで、政治家にリーダーシップを求めるが、結果に満足できねば、叩く、という風でしょう。

農業者は、今では国内少数派ですし、有史以来「国策」におびやかされ縛られる生活が続いてきました。（食管制度であり、減反制度です）

それは、農業が国家の根幹、生命線だったからです。しかし、収入も少なく、管理され、不自由な仕事として、すたれていきました。

今では、国家に保護される立場にあります。

「お上」に逆らわない、長いものには巻かれろ、といった具合に、最も積極的に、自民党政権に加担し、見返りを要求してきた、「国策」には従うのが、あたりまえの人々です。市民の中には、「農業は税金の無駄使い」と言ってのける者もいたし、「起業家精神が足りない、農業も輸出産業になれる」とそそのかす者もいました。

しかし高齢化ばかりが原因ではなく、食べ物が、命を命へとつなげるものだと思うほどに、農業者のブレーキはかかります。理解されぬ弱者=農業者は、ますます政権にすり寄っていったかもしれません。

●原発のこと

生活者の原発に対する態度には、2通りあります。（中間的な態度も可能ですが）増設を求める人と、停止を求める人がいて、両者のへだたりは、大変大きいです。容易に越えられぬ溝があります。

大局は、二分された状況にあっても、各地の原発一基一基については、議論の余地があります。

今回の事故によって、問題が素早く広く、国民全体に提起され、議論される必要は、確認されたでしょう。原発一基に事故が起これば、国土の大半が被災するのですから。

また、原発が、国の在り方と深く関わっていると人々に認知された今、多くの人がその是非を問う国民投票を望んでいます。

そして、その結果が人々の間に分断を招く、に終わるのを防ぐためにも、1回限りではない、定期的な投票が望まれます。国の在り方を決める投票なのだから、人々は何度でも問い直し、敗れた者も、次回に向け、希望をつなぐことができます。

私たちは、成熟した、自分たちの国家を持ったことがありません。自分たちの「国策」を持ったこともありません。

私たちにとり、重大なこと、政治家たちの間で意見の分かれることは、国民が、直接決める方法を持たなければいけません。

誰かに任せてしまえば、巻き込まれてしまうのですから。

●「飢える」ことを想像する

「この国の人は、己の傷の深さ、大きさに、気づいていないのではないか?」

そう思えてなりません。被災者の救済に全力を挙げながらも、「世界の中に、深手を負って在る」そんな事実をもっと自覚しなければならないのではないでしょうか?

国が破れかかっている時に、山河は、人々をこれから先も蝕もうとしているのかもしれません。綱渡りで生き抜かなければならないのではないでしょうか?

この国は、そう遠からず、様々なライフライン(情報を含め)を維持できなくなるかもしれません。

それでも、食いつなぎ、生き延びることを考えておかなければならないのではないでしょうか?

近年、世界の食糧の需給のバランスは逼迫し、それは、もう肌で感じとれるものとなりましたが、いまだに、この国では、食糧自給率のことを言ってもむなしい状況でありました。この国が経済的に豊かで、世界に飢える国があっても、食糧は「お金で買える」という思い込みが支配的であったからです。

しかし、自給のための人的基盤は過去数十年で大きく失われ、今また、震災と原発事故で、実質的基盤も手ひどく痛めつけられました。

本当に、この国にはまだ、食糧を買い集めるお金があるのでしょうか。まだあるとすれば、それは、今すぐ支払われるべき、震災復興の準備金、原発被災者への賠償金のことなのではないでしょうか。

この国が破産せぬことを、願っています。

世界から破産国の烙印を押されぬことを願っています。

世界各地でひん発する「凶作」を思えば、この国の人々が難民となって海を渡らねばならない苦難も想像しなくてはなりません。

●作り続け、食べ続ける

この国の、現在の目に見えぬ姿を明らかにしなければならないでしょう。

本来なら、いち早く国がとり掛かるべきだった放射能汚染の実態調査、一部の志ある学者たちの仕事を、国は、県は、積極的にサポートし、早く、その地図を作り上げてほしいです。

地図を元に、線は引かれることになります。東日本の汚染された広大な土地を、風評のままに放置すると、それらの土地は死んでしまいます。この国は、早晩立ちゆかなくなります。

線引きされた地域外にも危険が潜在していることを承知の上で、生産者を支え、生産地帯を維持するために、その生産物を、年齢に応じ、食べ続ける必要があるのではないでしょうか？

それは、人ゆえに放射能に汚染された、すべての生き物と、痛みを分かちあうことになります。

他に方法があるでしょうか？

人もどんな生き物も、この毒を取り込んで浄化する能力を持たないのです。

この仕事ができるのは、時間だけです。

ただただ浄化の日を願います。

取り返しのつかぬ惨禍を人の手で引き起こすことが、もう二度とないように、私たちのすべきことがあると思います。

5月28日

見よ
世界はたった一文字で書かれている
その一文字を読み解くことに集中せよ
限りなく書物を積み上げ
データの蓄積に熱中するのではなく
この文字を心に刻み感じ続けよ
青々とした梢を高々と持ち上げた大木が突然燃え上がり
一息で焼け落ちる
私たちは濃い霧に包まれている
この赤茶けた霧の一つぶ一つぶは
ただの水滴ではないのだ
竜巻が縦横に走り回る
悲鳴を上げているのは
ヒトだけではない
ヒトであることを嘆くよりも

その文字にかなうヒトとなるよう心するのだ

5月29日

放射能のいない夜

あれからあなたは
不安気で落着きもない
「放射能が聞こえる。すぐそばにいる」
とあなたは言う
私は
「色々な野菜を作って、香ばしいパンを焼こう」
と言った
二人は畑を耕し
野菜と小麦の種を蒔いた
しばらくすると

あなたはまた
「放射能がじっと見ている。
聞き耳をたて、私の肌にふれようとする」
と言う
私は
「僕たちの時間で、放射能の一つぶ一つぶを消していこう。
君は歌を。僕は楽しい物語を書いてみたい」
と言って
二人は眠りについた
今宵はこうして
放射能のいない夜になった

農水省の遺伝子組換え作物（GM）に関する意見募集に応募しました

2011・5・29

「遺伝子組替えセイヨウナタネ、トウモロコシ及びワタの第一種使用等に関する承認に先立っての意見・情報の募集」というものが、平成23年5月23日、農林水産省消費・安全局より出されています。

総務省のイーガブ(*)のページの中の「意見公募要領」によれば、この「第一種使用」というのは、「一般ほ場での栽培など環境中への拡散を防止せずに栽培等を行う場合」ということです。

農水省は、「生物多様性に影響が生ずるおそれはないと判断」し、このままでは、遺伝子組換え作物が、普通に、日本の農地で、何の拡散防止措置もされずに、栽培されることになります。

私は、これに対して、本日、以下のような意見を提出しました。

今回の構図は、原発が推進された時と同じです。反対する科学者が警鐘を鳴らす中、密室で結論が出されようとしています。

国民全員が、将来遺伝子組換え作物に取り囲まれ、否応なく隣り合わせの生活を強いられ、影響を簡単に排除できない可能性があるのに、それについて、よく考え、一人一人が答えを表明する機会もないまま、知らされもせず、、置き去りにされています。

人智は浅はかで、目先の利益のために、視野は狭くなり、悪い可能性すべてを検証する力も失ってしまいます。

遺伝子組換え作物の普及販売を目的とする営利企業は、今後、少なくとも百年にわたる、一つとしてもれることのない実証研究をするべきです。それを全ての人に細大もらさず明らかにしたなら、すべての人が自分の考えを持てるようになる時を待ち、公明正大な選挙で、意志を表示する場を持てばいいでしょう。

国民は、急いで、この重大な結論を出す必要性をまったく感じていません。

●**追記**

遺伝子組換え作物の栽培の承認は、有機農業推進法と、有機JAS法に抵触することになると考えます。

以下参照してください。

「有機農業の推進に関する法律」の

（目的）第一条　この法律は、有機農業の推進に関し、基本理念を定め、並びに国及び地方公共団体の責務を明らかにするとともに、有機農業の推進に関する施策の基本となる事項を定めることにより、有機農業の推進に関する施策を総合的に講じ、もって有機農業の発展を図ることを目的とする。

（定義）第二条　この法律において「有機農業」とは、化学的に合成された肥料及び農薬を使用しないこと並びに遺伝子組換え技術を利用しないことを基本として、農業生産に由来する環境への負荷をできる限り低減した農業生産の方法を用いて行われる農業をいう。

（基本理念）　以下省略。

農水省の有機食品の検査認証制度のページに掲載されている、「有機食品等の検査認証制度全体について」のファイルに、有機農産物の生産方法の基準（ポイント）は、

・堆肥等による土作りを行い、播種・植付け前2年以上及び栽培中に（多年生作物の場合は収穫前3年以上）、原則として化学的肥料及び農薬は使用しないこと。

・遺伝子組換え種苗は使用しないこと。

とあります。

＊イーガブ　E-Gov →E-government（電子政府）の略。主にコンピュータ・ネットワークやデータベース技術を利用した政府を意味する。そのような技術の利用によって政府の改善、具体的には行政の効率化や、より一層の民意の反映・説明責任の実行などを目指すプロジェクトを指す。

6月1日

順番は大事
大事なことほど順番が大事なはず
あべこべが世界を壊す
いや、あべこべはまだ正しやすい
最初にあやまるべき人が
テレビに出てきて
何のことやら「自分の方がうまい」と言った
大変続きで
他の順番が狂ったのをいいことに
「かき混ぜてしまえ」「混ざっちゃえ」というわけなのだろうか
どんなデタラメでも覚えておこう
見つけ次第
退場を宣告する
順番は大事

6月2日

私たちは勝利する
私たちは減らない　決して
流転していく先がどこであっても
生まれ変わってゆくのだ
彼らは半減していく
いくらかの年月を経て
どんどん減っていく
それが彼らのいまわしさの源なのだから
幾百年、幾千年かかっても
私たちは確実に勝利していく

6月11日

プルトニウムのことを考えよう

人に作られた呪われた子らのことを考えよう
罪もなく
邪悪に生まれた子らのことだ
破壊せねばならない
「成仏」という言葉を思う
百姓は殺す
際限もなく殺す
大方の印象に反して？
成仏のためでもなく
もっぱらそれが己の道だと
自分を納得させせながら
ひねり潰す
断ち切る
足で砕く
しかし
彼らはただの死者ではない
土を肥やし

命を育み
私たちの中にもやって来る
私たちの体は
彼ら死者たちの堆積物だ
そう百姓は感じている
だから
常軌を逸していると伝えられるプルトニウムも
きっと例外ではない
そんな風に感じている
そうとしか考えられない
ヒトは全力をあげ
「成仏」の方法を
考えねばならない
本当に「閉じ込める」ことが
唯一の解決策なのだろうか？
彼らの帰るべき道はないのか
科学はきっとそんなことのためにある

科学は「成仏」できない者たちに寄り添ってあげてほしい
プルトニウムのことを
一緒に考えよう

6月12日

生き物たちはみな精いっぱい感じ取り
目を凝らし
嗅ぎ分け
不測の事態に対応しようとしている
今在ることがどんなに大変でも
予知しようと努めることは大切な営みだ
百姓の目の前には
数億、数兆といった数の生き物たちが常にいる
その中の一個体が
何か違和を感じ取り

不安にさいなまれれば
動揺は周囲に及び
共鳴する者もいる
そして百姓は気配を大切にする
言葉も大事だが
天気予報も大切だけれども
頼り切ることはできない
年とともに視力などが弱まってゆく時
気配を感じる力はしだいに増して
補ってくれるのはありがたい
気配の中には予兆と呼ばれるものも含まれている
神秘的な考えではない
満ち満ちた情報の中に気配を感じ取ることは
誰にでもできること

6月17日

今晩家族揃って口にする
セシウムに砕けた木の実の香りがあり
プルトニウムはクリームのような舌触りだ
想像しよう
では
水銀に味はあったか？
カドミウムに香りはあっただろうか？
ＰＣＢは？　ダイオキシンではどうか？
これらはみな
知らぬ間に体に入り
生き物を苦しめ、
死に至らしめる力を持った物質だ
想像しよう
打ちのめされるためでなく、
未来のために

この40年間、人々は原発を想像できなかった
少数の人が想像のスイッチを懸命にさがし
見つからなければ作ろうとしてきた
その努力の痕跡は
人々の内に残されていた
福島の事故以降
この痕跡をたどるように回路は少しずつつながり
スイッチは入ろうとしている
災禍を待たなければできなかった想像
しかし
この災禍ゆえに起動した想像力は
新たな災禍の可能性をかならずや粉みじんにする

6月17日―その2

体制派、反体制派などという言葉が近頃よく目に入る
ボロッちい意味のよくわからないレッテルなので
今日からは
もう少しわかりやすく直したいと思う

体制派→反訂正波
反体制派→訂正波
みんなによく覚えてもらい
できればしばしば使ってほしい
注目してほしいのは
派を波に変えたところだ
はじめ
さざ波がそこここに生じ
それはうねりとなり
波となる

固定的な集団を表す
党とか派とは
わけが違うのだ
これですっきりした
分かりやすい
と思う

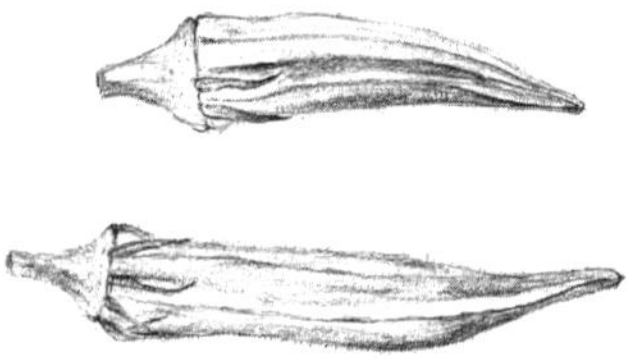

オクラ
てるて

「みんなで決めよう」原発「国民投票」

２０１１・６・２７（「菜園たより」６月５週号）

震災によって気が遠くなるような被害を受け、早くなされねばならぬ山のような仕事が待っているのに、原発事故はこの国の足元をはらいました。汚しました。

長きにわたって、開かれ、守られてきた、畑の今を預かる者として、「ダメだ」と言います。

土と水と空気に関わる人間として、「ダメだ」と言います。

畑の恵みを人々に送り届ける者として、そして、それを日々糧とする者として、さまざまな生き物たちの営みによって維持される畑に毎日通いながら、その生き物たちに呆然とする返礼をした人間として、「原発はダメだ」と言います。

ただ、もちろん、百姓もこの国の一員です。「参政」を義務とし、権利を有する一員として、国境を超え、はるか未来に関わる原発の影響を考えるならば、この是非は、国民の総意に基づき、方向付けされなければならないと、考えます。

そこで、「みんなで決めよう『原発』国民投票」に、賛同人として関わることにしました。

梅雨明け

2011・7・11（「菜園たより」7月3週号）

よろよろと、みんなで夏に入っていきます。正直言うと、やっとこ歩いているのに、「もう夏だ！」と、どやされたって、「わかっているよ」と、手で合図するくらいの訳です。だいたいにおいて、すでに、ナスの葉には〝カチカチカッチン〟（↓）が数匹確認されております。まだ、カチカチと〝放電〟する大きさはありませんが、もう、3・5センチくらいあります。「羊たちの沈黙」の、例の〝蛾〟クロメンガタスズメの幼虫のことです。南西諸島原産の、彼らは、埼玉○○町に定住したことになります。あの、3月の記録的寒さも乗り越えたのか！と、感動すら覚えます。（ひねりつぶしながら）

私たちのご先祖様も含め、生物の開拓者魂には、脱帽します。（↓尻尾の先に、小さい突起がいっぱい付いていて、危険を察知すると、チチッチッと、鳴らすのです。春、成虫がジェット気流に乗ってやってくる、という説もあり）

7月11日

日頃泣かぬ者たちも泣き
閉じられ泣くことができなかった者たちにかわり
強く押しつけられまだ泣くこともできない
同類たちの分まで、おこれ
決しておこったことがない者たちも皆おこれ
ついには
決してくつがえされたことがないものを、くつがえし
自分の心の中を、くつがえし
そうしたら
存分に笑ってしまうだろう
畑で木立の中で
たくさんの、物、者らと
顔を見合わせては、笑うだろう
皆いっしょに笑うだろう
秋には笑えるだろう

冬までには笑えるに違いない
来年の春には笑い声が
そこここから聞こえてくる
次の夏までには
かつてのように暮らしていますように
この春できなかったこと
この夏中、おこり
くつがえす
自分の心の中を、くつがえす

7月22日

大切な絵、大切な本を汚す者がいれば
ひとは、おこります
たとえ今は目に見えない汚れでも
絵の具や紙を変質させ

やがて全体を台無しにしてしまうかもしれません
今、あなたの目の前に一冊の本があり
「15頁から16頁の間には
危険がひそむため、開くことができません」
と表示されていたら……
索引には、封印される前に読んだ人々の覚え書きと
閉じ合わされる前に誰かが撮った写真
とその説明が記されていれば
足りるでしょうか
福島の村々は
目に見えぬ領域
開くことのできない一頁となって
尊いものを教え
人の過ちをあからさまにし
真実を直覚させる
訪れるべき聖地であります

8月1日

初めて開かれた
その戸が
二度と開かれませんように
人は敬意をはらい素早く通り抜け
辿り着かなければなりません
その戸が
誰かの傷口だからです

「寝た子」

2011・8・13

埼玉の○○○です。

この運動の拡大に関わる中で、直面する誤解を解くために、書いてみました。

「国民投票→憲法九条改変の動きを誘い出す」という、原発問題に本気で取り組んでいる人々の多くが抱く不安、についてです。

ぜひ、ご一読の後、ご意見をちょうだいしたいです。

この国民投票は、出鱈目で無理矢理な方法で、原発推進を〝国策〟として推し進めた為政者たち、いまだに自らの過ち・責任を認めず、それどころか開き直り固執し続ける国会議員に、大事な未来を委ねることはできないとの思いで、なされると思います。

海、山、田畑を汚し、人々をこれから先も傷つけることになった、これまでの国策を問い直し、市民発の国民投票に未来を委ねること。それは、民主主義の根本に遡り、全国民の総意に基づき国策を決める、最善の方法だと思います。

国会から国民へ下ろされる国民投票ではなく、多数の国民投票請求人の声を、国会が真摯に受け止め、国会が国民の思いに敬意を払ってなされる投票となることが、重要なのです。

これまで論議されてきた、国民投票と、まったく質が異なるものと考えます。

むしろ、この国民投票運動を通じて、人々が断たれていたつながりを再生させ、どのような悪しき動きも、短時間で呼応連動して対峙することができるようにならなければ、それだけのネットワークを作れなければ、国民投票運動自体、目的を達することはできないと考えます。

（みんなで決めよう「原発」国民投票の議論用メーリングリストに投稿）

作付け本番――「国民投票」パンフレット

２０１１・８・15（「菜園たより」８月３週号）

昨夏、数千年に一度の、猛々しい夏に遭遇し、「こんな夏は二度と乗り切れない」と思い、世界の気象が、何か一線を越えて変動しているのでなければ、残された生涯で、こんな夏はこれきりだと、納得、安堵しようとしていたのですが、この夏の、気温の激動、厳しさは、あまりよくない証となりそうです。

とはいえ、お盆が過ぎれば、秋冬野菜の種まき、定植は、本番スタートです。

さて、本日より皆様に、私たちが賛同人として参加する、「みんなで決めよう原発国民投票」の、パンフレットを入れさせていただきます。ぜひご一読ください。

署名などに協力して下さる方、声をおかけ下さい。配達の際には、署名用紙を携行しています。

気づきの秋

2011・8・29（「菜園たより」8月5週号）

気象の乱れは、いよいよ激しさを増している、と、実感しながらも、何とか付いていこうと、手を尽くす日々です。この国の秋の作柄を心配しつつ、かなたの農民の奮闘にもエールを送りたいな。どうか、折れることなく、食べ物を作ってください、と、祈るような気持ちにもなります。

人は生き延びながらも、全速力で変わっていかなければならないと思います。

畑に入る道のとっつきに、二つの村落の氏神様の社が、小高くあります。毎日、その前を通るのですが、私たちを生かしてくれている、とてつもなく大きくて、尊いものを汚したら、結局のところ、私たちがその報いを受けるのは、あたりまえのことなのだなと思います。

私は、何か特定の宗教を信じる者ではないのですが、今はほとんど忘れられた、昔ながらの知恵の奥深さに、今頃気づこうとしている、この頃です。

「くぬぎの森起請文」

2011・8・31

はじめまして
私たちが、互いに立場の違いを越え、理解を深めるよう努め、手をたずさえることでしか、事は成し遂げられません。
生産者は、足元を見つめ、ここに集まり、消費者の皆さんは、食べ物の由来から源に思いをはせ、生産者を幾重にも取り巻くように、ここに来て下さい。
私たちは気づこうとしています。大きな世界に、私たちは取り巻かれ、包み込まれて生きています。

●起請文

福島原発事故による、甚大な被害を受け、私たちは自分たちの使命をはっきりと知ることとなりました。放射能が、海、山、田畑に広く降り注ぎ、命の基盤をもろともに汚染したからです。

あらゆる生命は、海、山、大地の健康と一つながりのものです。私たち人間の日々の営みも、社会・国家も、ここに依拠することでしか存立しえないのです。

私たちの使命は、すべての生命の糧の源を守ることです。福島事故の悲劇を決して繰り返してはなりません。

私たちは知っています。私たちの無為、無関心が、この事故を引き起こしました。ウランの採掘から、核燃料廃棄物の処理に至るまでの原子力発電所にまつわる事業は、放射能によって多くの生命を傷つけ、未来も危険にさらし続けるのです。

そして、福島に、黙って横たわる村々が教えてくれました。どんなにお金が豊富にあろうと、エネルギーがあり余るほどあろうとも、いかに強力な武器を保有しようと、根本が破壊されたなら、あらゆる生命の維持も、社会・国家の存立すらありえないことを。

有史以来の遺産を今預かる者として、未来へこの宝物を引き渡す者として、私たちは、世界を破壊し、再び同じ「大罪」を犯すかも知れぬ、原子力発電所を残すことはできません。

私たちは、原子力災害からの復旧が、多くの人々の叡智の結集をもってなされることを心から願い、原子力発電所のない未来を招来するために尽力します。

私たちは、原子力発電所の処遇に関し、この国の一人一人の声が反映されるよう、国民投票を行なうことを、国及び政府に求め、「原発国民投票」実現のために行動します。

9月21日

刻々と奇跡は起こっていた
誰もが驚く風でもないのは
どうしたことだろうか
見過ごしていた？
まさか
世界が朽ちていく時に
ありふれた奇跡に心開くより
わが身の上のことに熱中していた？
世界を放置しておくのは
「あなたはゼロだ」と言った者たちに
背を向けているのか？
世界もろとも
あなたの未来も細っていく
私のゼロは希望する
多くの「0」に続きようやく現れる「1」を

希望するゼロとなりたい
繰り返される非道の歴史
ならば
無かったこと
無き者へと連なればよい
無数のゼロたちの道は
藪に隠されている
ゼロたちが
ムシロ旗を掲げ
藪を抜け出し前進を始める
この道こそ「王道」
おごれる者
欺く者も
畏れ
道を譲れ！

起草者のイメージ「くぬぎの森起請文」

2011・9・4

今現在、全国に多くの脱・反原発をめざす、個人・団体があります。そこに居られる人々は、すでに活発に情報発信され、また互いに行き来をしています。

しかし、それらの動きは（私も含め）閉じられた中での動きで、いっこうに大きな動きへと広がらないのが、もどかしいけれども現状です。私がめざすのは、今現在思いはあっても動けない人々も含め、全ての人々が共有できる、共感できる、母胎作りです。

私が書いた、今はみすぼらしい一文は、「みんなで作る母胎」のたたき台と思っていただければ、有難いです。

もしも、そんな母胎が作られ、多くの人々の同意が得られたら、動かない組織へと働きかけを始めます。私たちの呼びかけに応え、もしも一つの組織が動くことになれば、個人で動けなかった多くの人が動くことになりますし、政治的意味合いも生じてくるでしょう。

遠近両方からの動きは、ついには大きな組織を揺り動かすことができるかもしれませんし、いつか、どこかで、共鳴、共振がうなりを上げることをめざす、遠大な夢の企画です。意図して直線的に突き進むことでは得られぬものを、イメージの力で突破してゆくということです。

「もしも」を実現させるための呼びかけなのです。

私自身実現のために努力していますが、一個人では手に余る状態となった場合、もっと強力な事務局作りは、当然必要になることと思います。

無いところに、有るようになるには、多くの人の同意、協力が不可欠です。

新しい時代の「非暴力民衆一揆」をイメージしてください。

10月9日

糸口を捜すような生やさしい時は過ぎた
そこここにある
ほつれもつれに
一度に向き合い
手当し
少しずつでも
つくろわねばならない
手を尽くしても
一歩も進めない日々は長く続くだろう
しかし、どの傷口も忘れてはならない
忘れられ
置き去りにされた箇所は
ゆっくりと死んでいくかもしれない
それは全体の死の始まりなのだろう
もっと目を凝らし耳を澄まし

気づくことができたらいいのに
私たちが一つまた一つカラを破ることができ
新しい泉
忘れられていた水脈が見つけられますように

10月17日

我らは、取り込んだ放射能を
体外に排泄せぬ太っ腹を持とう
お金ではなくセシウムを
蓄えるだけ蓄え
放射性廃棄物として
焼かれるのです
高レベル放射性廃棄物として骨ツボに入り
土中深く埋められるのが上策です
元気で長生きすることが大切です

放射線に破壊されぬ二枚腰の核酸・細胞を持ち
セシウムが体内で崩壊することがないよう安心させるのです
田畑とて同じです
セシウムを流出させない土壌を作り上げなければなりません
百年二百年、放射能を吸着し放さないような
腐植・有機質に富んだ土壌を作り上げるのです
そうして油を作り売るよりも
セシウムの取り込みの少ない多種多様の
見た目も味もよろしい野菜を作り続けるのです
水に流したり、横に流したりするのではなくて
しっかりと保守することを考えます

農協と日本の不思議

2011・11・6

●農協の不思議

TPPが農家を直撃する経済的問題とするなら、放射能汚染は農地を破壊する物理的問題です。どちらも、農家が安心して生産に励む基盤を崩すものです。国民の生活に及ぶ影響は想像も及びません。生産者のみならず、消費者も同様に大切なものを失うことになると思います。

TPPに反対することが出来るのに、なぜ原発に反対することが出来ないのでしょうか？　私にはわかりません。

命と緑を守ると言いながら、TPP反対だけを言うならば、推進派が言うように、「農家は小さな既得権益を守ろうとする」「反対の声を盛大に上げるのも、政府から出来るだけ金を引き出そうという魂胆なのだ」

と、いつものように農家の思いは矮小化され、看過されます。

●この国の不思議

農家は小さな既得権益を守るために、農業を、非効率な細かく区切られた農地を守ろうとしているのでしょうか？

この国の農家のほとんどは、儲けるためだけに農業をしているのではありません。誰もがお金は必要ですが、命をつなぐ糧を作ることを誇りとし、たとえ収入は少なくとも大切なものを守り伝えることを責務と感じているのです。

都市は、農村にとって、子であり、孫であります。都市は、一人で育ったわけではなく、農村に育まれ成長してきたのです。農業はいつも天災と向き合い、粘り強く乗り越えてきました。

しかし人災は、大きな痛手、予想外の裏切りです。原発震災に続き、ＴＰＰという途方もない返礼を、子や孫からつきつけられることになるとは、思いもよらぬことと思います。

多くの農家は、アメリカ式、オーストラリア式の農業をしたい訳ではありません。自分の耕作地の地形や風土の中で、長い時間かけて先達が切り拓き、育んできた技を守り伝えて行きたいのです。

高付加価値を持った、輸出に耐えられる食べ物を作ることよりも、あたりまえの食べ物を作り、提供し、喜びをもって食べられることが、望みでもあります。

今多くの農家は、「あなた方は、もういらない」と言われたように思っています。

「開国によって、この国の食べ物はよその国の人が安く作ってくれる」という、傲慢な世界認識と国策によって、この国が農村漁村から徐々に息絶えていくのがわかります。

しかし、徐々に、とは、希望的な観測かもしれません。

ところで、この国での大局的視点といえば、経済が拡大するか否か、目先の儲けを得るか否か、といったありさまで、せいぜい半年後の「長期的」視野しか持ち得ません。

激変する気象の中で農業を営むには、気候風土に調和しようとすることが肝心です。欲張っても、土や風に寄り添わねば何ものも生まれず、育つこともありません。お金の力で世界を調和させ、この国の調和を保つことなど、できるはずもありません。テクノロジーも同様です。

過去、消え去った文明はみな、発展の果てに自分の足元を崩し滅亡していったようです。今日の繁栄を礼賛しても、嫌悪しても、私たちは己の足元を汚し傷つけています。崩れ落ちるのがいつかは誰にも解りませんが、「私たちだけは違う」とおごり、危機を侮る人ほど、足元を気遣うことなく破壊します。

文明はいつもその外側からの収奪によって肥え太ります。「テクノロジー」は、外側から収奪するための道具のことを、体よく言い換えたものです。外側に何もなくなったとき、果てまで文明が行き渡ったとき、文明は再び、中心部が外縁部から収奪するようになります。足元を切り崩すとは、このことに外なりません。

原子力発電所、ＴＰＰ、１％と99％、の問題は、みんな同じような構図と見えます。

「自動車にはねられ　田ぬきの　哀れ」

２０１１・１１・１７

少なくても分け合うことができたのに、分けたくてもカラッポの状態になります。震災と、原発事故、そしてＴＰＰの話です。

野田さん、岡田さん、山田さんなどは、風前の灯。豊田（トヨタ）さん、本田（ホンダ）さん、松田（マツダ）さんも大丈夫とは言い切れません。私は埼玉県民なので、上田さんの心配もしています。

みんな田んぼから生まれました。効率の上がらない、けれど立派な田んぼの恵みに育てられ、お米を糧に生きてきたのです。

けれど、ＴＰＰに参加するなら、米倉（ヨネクラ）などは、いつの間にか「べいぐら」になっているかもしれません。グローバルな世界、自由貿易などと言っても、世界の国々が多様性を失い、均一な生活を送ることが素敵なこととは、とても思えません。

この国が、その姿形をすっかり失い、なおかつ、世界のどこかで何か「事」が起こったら、人々が途方に暮れる日が来るかもしれません。「自由化」を推し進める人が、強欲を悔いて、「皆で分け合いましょう」などと、今できぬことを言い出すはずもありません。

そこで提案です。この国の姿形を残し、食糧の安定供給を目指し、ＴＰＰ参加を見送ります。そしてＴＰＰなしでは生き残れない産業に補助金を出すのです。生命の安全を第一に考え、国の進むべき道を決めましょう。永久に栄える産業はありません。ことに自由競争の元、覇者は入れ替わるのが定めです。

しかし食糧は、人が欠くことのできぬ不変の基盤です。

「自動車にはねられ
田ぬきの　哀れ」

「耕す人の会」設立に寄せて

2011・11・20

この会は、「今ある原発をどうすべきか？　自分たちで考えたい、国民投票という直接的方法で国の行く末の決定に参加したい、私たちの声を聞いてほしい」という思いの中から、生まれた会です。

福島原発事故以来、放射能は私たちの生活の一部となり、放射性物質は、私たちの体の奥深くまで入り込みました。そしてそれらは、世代を越え、目に見えない幽霊のように住み続けるのです。

私たちの会は、200キロはなれた地で起きた悲劇が、自分たちの生活をも変えてしまった現実に向き合い、日常生活を少しでも自分たちの手元に引き寄せて折り合いをつけられるように、身近なところから少しずつ、出来ることからやってみよう、という思いで立ち上がりました。

グローバリズムの圧力の下、世界中がこれまで培われてきた財産を取り崩していく時代です。しかし、目先の利益ばかりを求め競い合う市場原理や、巨大技術に、生活を委ね、あきらめ、次々と明け渡していっては、未来はありません。

この地域ならではの生きる術を守り、再生させ、必要とあらば創り出すことが私たちの願いであり、目標です。この会は、以上のような思いを持った人々が集い、助け合い、協力して前進するためにあります。（呼びかけに応じ、集落をまたぎ、50名ほどが名を連ねる「耕す人の会」の第一回総会資料　基調報告より）

2011・12・5（「菜園たより」12月2週号）

この年

百姓というと、草むしりとか種まきとか、地味な仕事に飽きもせず明け暮れる営みだと思われます。

でもこれらはみな、劇的な仕事に立ち向かうための、小さな下準備のようなもの。本領は、尺度で測れぬ巨大な生き物相手に居場所を守る闘いとも言えるし、天体の運行とか宇宙の膨張とかの真っ只中に、人が生きる足がかり手掛かりを得ようと、爪を立ててしがみつこうとしている営為だと、イメージしてほしいです。

食べ物が出来て、作物が実際に実って、ほっとすることに支えられてきたけれど、明日はどうでしょうか？　地道さだけではどうにもならない、かといって、手立てを尽くしたとして、地道さに何かが付け加えられたのか確信を持てないまま、収穫を待つことになってしまいます。

あれ以来、頭から離れません。野にいてもそうです。脳ミソの何%かは常に放射能の影響下にあるので、ミミズを見ても草を見ても、イノシシのことを思っても、かえってそのことに思い至り、離れられません。人が変わるとは、こんな風なのでしょうか。

この国の多くの人が、私のように、あるいはもっと差し迫った理由から、大きく変わらざるを得なかったのだと思います。お客さんに、優しい言葉や励ましの言葉をいただきながら、その表情のどこかに一瞬、悲しみの影が差したように感じられるのだから、残念でなりません。

怒り、悲しみが毎日の生活を押し潰すことがないように、皆で新しい喜びを生み出すことを目指しましょう。朗らかな笑いに始まり、大笑いが鬱積したものを洗い流す日を招来したいです。

東京新聞・社説「農業よ目覚めよう」に思う

2011・12・14

危篤状態にいる人に、「目覚めの時です」と声をかけるのは、遺言を聞くためなのでしょう。いくらかは文化遺産として受け継がれていくのかもしれませんが、根を絶たれた遺産が、将来再生の手掛かりとなるかどうか疑問です。

何もかもが商業化し、経済換算されることに、異を唱えたいのです。私も含め、新規参入した農家の多くは、生産・加工・販売を手がけています。しかし、社説や都会の一部の人が言うように、農業再生の切り札になるとは思っていません。これは、自分たちの苦しまぎれの生き方なのです。

本物は手間暇がかかります。作り手が望むような、大切なことを守って納得がいく仕事によって生み出されるものは、「人々に普通に愛されるもの」から遠く離れていくばかりです。

かつてあり得たものが、どうしてすたれていくのか、考えてみてください。

風土に根ざすとは、風土に縛られること。こだわるとは、限りを作ることです。

作られるものは少なく、作り手の減少は誰もが知る通りです。

買い物をするとき、作られる過程を想像する経験もなく、作り手の経済をおもんばかる余裕もないのですから、大方は価格を目安に選ぶことになります。いつでもどこでも買えるものは、かつてあったものとは別物、時にはまがいものとなっていきます。

今、農家は職人、芸術家であるよりも起業家となるよう求められています。なぜ、多くの職種のように、農家が作ることに専念してはいけないのか？ 私には、食べ物を侮り、お金を過信している人たちの横暴が見えます。

TPP参加で、米・麦・大豆など基幹作物の居場所が奪われることになるといわれています。

農業のすそ野は、一変します。

それは、精神風土、心象風景といったものへの根底的打撃となり、ついには、この国の物作りへの熱心さや勤勉さを育んだ土壌そのものを破壊することになります。共有するイメージを実現するための無言の無償労働によって守られてきた、この国の故郷、全ての産業の故郷を失うことになるかもしれません。

目の前の利益をみすみす取り逃すリスクよりも、はるかに大きな代償が存在すると、わかってほしいのです。

私が20年間に垣間見たのは、広大な農の世界のごく一部でしかありません。豊穣な世界が語らぬまま、荒野へ帰っていくかも知れません。

私は、朴訥だったり意固地に見えたりする先輩の仕事の中に、大きな領域に通じる扉の鍵が隠されていると信じて疑いません。故郷とは、たぶん景色のことだけ言うのではなく、その向こう側でこれを支える人々の営み、安心して任せられる仕事ぶりのことを言っているのだと思います。

社説は、百年の尺度を持って語ってほしいものです。やれ「幸福の国ブータン」「TPPに遅れるな、国益を守れ」と——。節度、分別というものが感じられません。グローバリズムクラブからは、脱退すればよいのです。グローバルな世界は、否定しようもありませんが、あくまで来る者拒まずの姿勢に留め、下らぬ横車を押して、大切なものを圧殺してはなりません。

当然ここにも、リスクは存在し、受け入れねばなりません。この国はしだいに貧しくなり、先進金持ちグループからも退場していくことになります。

しかし没落とは一方的な見方で、新しい地平を切り拓こうと苦闘する姿が、かならずやそこにあります。その姿が見つけられたとき、この国は、世界にとっての朗報となります。

請願趣旨説明

２０１１・12・20

国民の一人として、原発に関して意見をする、一人前の公的な場を作ってくださいい、と、申し上げています。「国会で意見させろ」「政府はこうしろ」とか言っているわけではなく、国政選挙で与えられる一票と同様の、原発に関しての一票を与えてくれ、と、言っているのです。

国政選挙では、原発だけが争点ではありません。国政には他の多くの課題もあり、政党政治の仕組みもあります。原発問題を争点にした選挙は、国民が求めて実現するものではありません。

また我々は、確固たる見返りも求める立場にもありません。控え目な主張です。我々の言う原発国民投票は、法的拘束力のない諮問型国民投票であり、国策を決定するのはあくまでも国会・政府であるからです。我々は、国民の声に耳を傾け、これと真摯に向き合うことこそ、政治であると確信しています。

福島第一原発事故を経験し、多くの人が今もその渦中にあります。原発問題は、多くの人の命とこの国の未来に関わる一大事です。国民の声も聞かず、結果責任も負わず、説明責任を果たすことのない、国会・政府の現状を何とかしたいと考えているのです。

国民一人一人が責任を負う覚悟を持ち、それに見合う信念に従って一票を投じることを願っているのです。全有権者によって示された民意を、国会・政府がしっかりと受け止め判断すること、排除する各論についても配慮し充分な経緯説明をすること、も、重要です。

以上が、我々の望む公明正大な政治のありようです。希望が持てる、誰もが参加したくなる、有意義な政治です。

（「耕す人の会」が中心となり、町議会へ提出した「原発に関する国民投票について」の請願）

年末

今年も一年お世話になりました。
様々なことが起こり、
一年の長さは、いよいよ訳のわからないものとなりました。
人々の朝を待ち望む気持ちが強いせいか、一日がより短くなっています。
ほぼ自戒となりますが、「朝は、十中、八九やって来ます」
顔を洗って深呼吸していれば、
安心と喜びの中、朝はやって来ます。
来年もよろしくお願いいたします。

2011・12（「菜園たより」最終週号）

まめっこ
てるて

2012年

請願に向けて

2012・1・14

あれから10カ月が経過し、3・11をよそ事、過去の事として終わらせたい、そんな雰囲気が時として感じられるこの頃です。

なるほど、人は前だけを見て生きてゆきたいもの、あの日以降起こった事態は、重たくもあり、私自身圧《お》し潰されそうになる時もあります。

しかし、この国の大人は皆、事故に至った責任を一人前分分け持ち、反省の気持ちを持って復興を支える責務があります。ここ○○町の現状も未来も、予断を許さぬ状況です。50年間うやむやのまま放置されてきた原発行政には、けじめが必要です。一つ一つ、問題を乗り越えることでしか、未来は開かれません。

目をそらすことなく、福島原発事故と向き合い、国民投票を実現させ、投票に参加することは、この国の未来に責任を持つことです。

日本の地方の小さな町でなされた請願が無責任な国政に一石を投じることになればと願っています。

早熟な冬の破れ目

2012・1・23（「菜園たより」1月4週号）

ちぢこまった体で、「太陽は仕事を思い出してほしい」と、陰気に願っています。そして、おやっと思い、ひょっとして、とも考えます。

大寒を挟んでの3日続きの曇天と慈雨は、破天荒な吉兆かもしれません。

冬はかなり疲れているのです。ここぞという所で踏んばれず、底は知れているという感じです。ここで、はたと考えてしまいます。

では、春が来たらどうだっけ？　春が来たら……　春が来たら、それだけで嬉しい。

えーっと、着ぶくれから解放されるし、凝り固まった体が表面から、だんだんほぐれて、少し若返った気になる。

鶏は卵をホイホイと産んで、種を蒔けばポンポンと発芽する。作物の成長のさまは心地よく、我らが尻を叩いてくれる。

こうして春が来ます。例年よりも早く、昨年とは比較にならない目ざましさで。

国民投票に思う

2012・1・31（「耕す人の会」会報4号）

昨年、朝日新聞社が実施した郵送による世論調査の結果が、12月30日付の朝刊に載りました。

「憲法以外の重要案件に関して国民投票を行うべきか否か」、「原発やエネルギー政策に関する国民投票を行うべきか否か」の2つの項目共に、7割前後の回答者が、「行うべき」との回答をしています。

この会の請願は、まさに民意に合致していたのだろうと納得します。一方、震災、原発事故を過去の他人事として、忘れ去ろうという空気を、時として感じるこのごろです。

私たちの請願〆切は2月10日ですが、国民投票実現までの道のりはまだ半ばであります。原発行政を自分たちの責任と自覚し、福島原発事故を私たち国民の問題だと、誰しもが共有できる日まで、私たちの請願活動は続いていくのだと思います。

無題

2012・2・12（「菜園たより」2月3週号）

バベルの塔が崩れたあと、人々の話す言葉はてんでバラバラになり、通じ合えなくなったと言われています。福島第一原発事故以来、私の言葉も、混乱を付け加えるばかりなのかな、と冷静に思います。

ここ数ヵ月の間、何人かの先輩から、「心はみんな同じだよ」と、全く同じ言葉で、穏やかに諭されました。

「安心して前に進みなさい」と受けとると、早とちりで、「言葉が通じず孤独を感じることはあっても、見、聞き、感じ取られた心象は共通している」ということなのかな、と、今では思っています。

あらゆる事象に、凸凹はつきものです。懐《ふところ》がとてつもなく深く、底知れぬ世界の乱調の中に、小さな調和を見出し作り出すのが、生き物の営みです。

私たちは、まるで無表情に働き続ける巨人に翻弄されながら、その顔を捜し、うかがい、一瞬の柔和な表情を生活基盤の出発点としています。しかし、かの無愛想な巨人も、生命軽視、無視の広大な宇宙の只中で、例外的に無数の生命を守り育てながら、掟を破ることなく務めを果たしているのです。

見方を変えれば、生命誕生は、宇宙に魔が差したというか、一瞬のスキをついた試みなのではないかとも思えてきます。

何が試みられているかといえば、心の発生です。我々の営みは、宇宙に魂が生じる源となるのです。宇宙の孤独な無限運動は、魂をその中に生じることで、初めて満たされるかもしれません。


我々は、すべての生命と協同して、宇宙の精神を作り上げていくわけですから、人間は、その本分に則した調和を探究することになります。

さて、宇宙精神、というか、心や魂は、どうして生まれるのでしょうか?

それは、多分、人の心の形成をなぞるようになされます。一人の人間の心は、体内の全細胞、全組織の共同の上に生じます。ひとつぶの細胞は、この務めを果たしますが、人の心の何たるかを知っているかどうか、自信はありません。

いつの日か、宇宙の魂のごときものが、この星に芽生えたとしても、一個の人間にその壮大な魂の姿が見えてくるとは思えません。ただ、宇宙は成長し、使命を知ることになるのです。たぶん……

請願報告

2012・3・6

○○町の○○○○です。

町議会への「原発国民投票を求める意見書提出」の請願のその後についてです。

前回報告したように、3月2日の本会議の流れから十分予想されたことですが、5日(月曜)の昨日の専門委員会において、我々の請願は、「継続審議」という扱いになりました。6月議会において廃案、という線が、その本心かもしれません。

我々請願者のエネルギー不足・能力不足はさておき、議員の多くが、○○町としては少なからぬ請願署名者(1135名、3%くらい)の思いに心及ばなかった、彼らに片隅の小さな町議会が国に対して意見書を提出する意味を理解してもらえなかった、ということです。

3・11福島原発事故で、これだけの事態を招きながら、どうして「原発」国民投票への共感が広がらないのか、私たち賛同人は、そもそも何を求めて国民投票という手段を求めたのか? つくづく考えなければならないと思いました。

事実、人々に対して、なじみのない国民投票を呼びかける際、どうしても話の焦点は、国民投票そのものに集中しがちで、私たちの「みんなの声で原発を止めたい」という強い思いは、そがれたり、押しとどめられたりします。

また、埼玉・東京など大都市においては、幸運にも目に見える実害がないのです。ベクレル、シーベルトといった数値でおびえる人々がいても、ごく身近な範囲でだけ働く想像力では〝恐怖〟は大方の人々に共有されていません。

「福島」を連呼することなく、必ずや誰の心の中にもある、もしかすると埋もれかかっている、あの日の想いに繋がれなければ、署名はもらえません。

忘れない、繰り返さない、この思いを少しでも多くの人々と共有することが目的であり、その延長上に国民投票実施があることを、日々、思い返さなければ、風化の中で厳しさを増すこの運動は、変質・失速します。

後悔、理不尽に対する怒り、懺悔、といった気持ちが、人々の間に、倫理を呼び覚まし、責任ある仕事へと導いてくれるはずです。

しかし、多くの人々が、自分たちの生活が経済的に瀬戸際まで追い詰められていると感じているとしたら、とても深刻な状態です。

個人的社会的な破滅をまぬがれるためには、脱原発の流れにあっても再稼働・原発継続の余地は残しておいた方がよいと考える人の声には、耳を傾けるべきでしょう。脱原発のリスクの範囲や大きさを私たちは見過ごしているかもしれません。

不安を振り払う勇気を持てるような、種々の豊かさを、私たちがイメージできていなければなりません。

自分に自信のない多くの人々といっしょに、身の丈ちょうどの一票を投じることができるのが、「原発国民投票」なのだと思います。


2012・4・2（「菜園たより」4月1週号）

用心棒求む

これでもかと気をもたされた春も、その正体は結局、重症の花粉症でした。多分、私の場合、花びら、鼻水とともに去りぬ、となります。

あたりも、色とりどり賑わっています。春の草は力を得てもりもりとしてきましたし、鶏小屋は子育てまっ最中の害獣に襲われています。この時期、山には昨秋の木の実もなくなって、ハクビシン、あるいはアライグマも必死です。鶏を飼い始めて15年余り、もっとも手強い相手です。

小屋の屋根の真下の金網をこじ開けて侵入しました。野犬のように、鶏たちを皆殺しにはしません。２度とも、２羽ずつその場で食って、来た穴から逃走。金網を難なく切り裂く、と聞いていたので、とうとうその日が来た、という感じです。

鶏小屋の内側外側と、防御を固めています。でも、これで完ぺきという訳にはいきません。相手の次の出方をうかがいます。

弱った農村には、野獣が次々と襲いかかりますが、よく見ると、人間の影がちらちら垣間見えます。人間が送ってよこす災いといえば、ＴＰＰや放射能といった化け物も、もうそこここに、確かにいるのです。

ＪＡは「原発」国民投票に
総力をあげて取り組んでください

２０１２・４・11

グローバルな世界経済の荒波にもまれ、日本の農業の弱体化は目を覆うばかりです。津波に奪われ、放射能に汚染され、農業の未来に希望を持てぬまま離農と高齢化による衰弱を放置すれば、この国が生きる基盤は跡形もなくなります。諦めたり退却を繰り返す余地はもうないのです。

放射能による物理的破壊はＴＰＰがもたらす社会的経済的破壊と同様、どうしても阻止しなければなりません。

ＪＡがその立場を鮮明にし、たとえば、

「みんなに等しく重要な緑と命を守るためには、みんなの協力が必要です」「水、土、空気はあらゆる命の根本です。これらが損なわれたとき、国家も人間の生命経済活動も存続できません」

と訴えるとき、多くの消費者の共感を必ずや得ることが出来ます。

ＪＡだけがこのような国民的運動の要となることが出来ます。代わる組織は他にはないのです。組合員の力を集めることで、大きな破壊に立ち向かうのです。平らかでちょうどよい未来の実現を目指すのです。

ＪＡ組合員の多くは、今でも耕地の管理と食べもの作りを通して、耕地と深く関わっています。放射能汚染の程度はさまざまではありますが、どの地域においても、昨年の原発事故でもっとも影響を受けた人は、地域の自然環境に深く根ざす人々です。

そうした農林、牧畜、水産業に携わる人々に一言の発言の機会も与えられぬまま、原発行政が、明確な反省とそれに基づく新たな指針も定めずに、継続されることに憤りを覚えます。

国民投票が実現されれば、すべての農家がそれぞれの思いを、一票に託すことができます。国民の一人として、責任を果たすことができます。

ＪＡが国民投票に取り組むことは、その組合員一人一人の農への想いを伝える場を、組合員が協同して用意しようということです。

（地元ＪＡへの要望書）

ＪＡ組合員への呼びかけ（案）

２０１２・４・14

大震災と、これに起因する福島第一原発の大事故から一年が過ぎました。

私たち農業者は、目に見えぬ放射能に神経をすり減らしながらも、様々な悪天候をしのぎ、今日を迎えました。

これまで同様、自然と向き合い、その恩恵にあずかり生かされてきた一年です。

しかし、私たち農業者は、あの時そうだったように、これから先も、目に見えず、音もなく、いつの間にか降り撒かれる放射性物質から、耕地を守ることはできません。

私たちの仕事は、命の糧を作ること、明日を生きる勇気と力の源、〝食〟を支えることです。

私たちの使命は、文字通り、生命線を守ることに尽きるのです。それはまた、今預かる耕地を守り、未来へと手渡すことでもあります。耕地を破壊する技術や、耕作を否定する社会の仕組みは、しりぞけなければなりません。

現実に千年かけて培われた営み、今後千年も万年も継続することができた大切な営みが断たれた地域もあるのです。「命と緑を守る」という理念にかけて、この国の主権者の一人として責任を果す時です。

私たちは、原発国民投票の実施を求めます。全国民の意志に基づき、原発を今後いかにするべきか決めるのです。

参加し、発言する場をみんなで作りましょう。

一票を投じることで、未来の人々へ伝えられること、遺したい大切なものがあります。


2012・5・7（「菜園たより」5月2週号）

泥の海へ

畑に向かう道すがら、水溜りやら、泥水の流れやら、少しすさんだ風景の中に、車輪が沈みこみ傾いたまま置き去りにされた車がみえました。それも3台です。この季節めったにない記録的大雨に判断を狂わされたのでしょう。

『ぬかるなよ。』と自身にも言い聞かせ、こんな時は畑の中道などに車を乗り入れたりせずに、一輪車に頼って野菜を運びます。

もちろん人間はぬかります。長靴をはいた足は自由にならないので、四つんばいで大根を収穫しました。

そういえば今年はカタツムリが異様に多いです。レタスやら、キャベツやら、外葉をよく食べています。こんな年もあるのだと感心したりしています。

難破車両といっしょに忘れえぬ光景となりそうです。

2012・5・11

○○町への陳情書

件名　放射能汚染実態調査について

要旨　町内の土壌及び農産物への放射能汚染実態調査を早急に行なっていただきたい。

理由

・去る3月11日の東日本大震災に端を発する、東京電力福島第一原子力発電所の事故によって、東北、関東一円に放射性物質が飛散しました。埼玉県もこの災禍をまぬかれず、当然のことながら、○○町にも及んでいると思われます。

・埼玉県が、県内数カ所で、大気、土壌、及びその生産物に対する調査・検証を逐次行なっているのは、了解しています。しかしながら、ここ○○町では、いまだ、そうした調査は一度も行なわれておらず、熊谷、秩父などの結果から、あいまいな類推をするしかすべがない状況です。

・私たち、有機野菜生産者は、地元だけでなく、遠方へも野菜や畜産物を出荷していますが、それらの消費者の方々に納得していただける説明は、未だ出来ずにいます。

・私たち、生産者一同は、○○町が主体となって、農産物と土壌への放射能汚染の実態調査を行なっていただくよう、強く要望いたします。

平成23年5月11日

（有機農業を営む仲間たちと共同で提出）

降るものは、拒めず

2012・5・30（「菜園たより」5月5週号）

昼食後、北西方向の雲がただごとでない様相なので、パソコンでもう一度雷雲の動きを見てみる。昼食前とは一変していて、勢力を増大させながら迫りくる雷雲画像を確認する。念のため、竜巻予報をクリックすると、レベル2を示す桃色が、ここいら辺を直撃する予報が示される。わが家の北西側は、はるか先まで開けた畑なので、この方角の窓を開け放ち、雲の動きを観察することにした。

墨色の雲の、最先端下部に、白くうねる形の竜の姿をした雲が、進行方向と直行する方向に体を向け、猛烈なスピードで近づいてきた。様相はものすごいのに、微風程度でおだやかだった辺りが急変したのは、竜が頭上を越えようとしたときです。

ほぼ30分にわたって、雹《ひょう》は降りました。畑の光景を思い浮かべながらも、何もかもを打ち付けるけたたましい騒音の中で、眺めつづけるだけでした。

ただ配るばかりの天を頼りに生きている我々は、顔は笑って「天の配剤とはいえ、丸薬がちと大きすぎた」などとやり過ごすのだけど、地域ではもっとも頼りがいがあった最古参の引退が始まっています。ささやかであっても、明るい花道が用意されてしかるべき時に、天も地も次々と容赦なく、残酷ですらあります。

せめて、人の手による背信行為、裏切りは改めたい。

次週は、雹害に関して、冷静に状況を詳細にご報告いたします。


2012・6・6（「菜園たより」6月1週号）

雹《ひょう》害その後

「あう」とは、よい表現だと思う。霜にあう、雹にあう、日照りにあう、などなど、さびしげに思われる田舎暮らしも、訪れるものが結構あって、にぎやかなものだ。

ギラギラキャラクターの来客のほかにも、気配すら感じさせないため、うかつにも、たけなわとなってようやく名前を思い出すような、その現実味が増すようなタイプ、長期滞在型訪問者もある。

極端な例では、居座って10年、気づくまで20年という大人《たいじん》もいる。温暖化とか、小氷河期などがそんなひとである。

仕打ちを受ける、とか、くらうとか、被害者意識ばかりでは、田園生活は重苦しすぎる。「会う」とか「あう」とか言われれば、物言わぬ相手とのコミュニケーションだったのだと思うほかないではないか？

雨とか雷とか雲とか、あらゆる気象現象も言語のようなもの。誰のかといえば、もちろん地球や宇宙とかいったものです。「百姓は生き延びるために、太陽とか宇宙とかとコミュニケートする職業です」と言ったら、カッコイイかもしれない。

「ただやられているだけジャン！」では、やはり足りません。作付けした作物の何割かが失われるのは日常茶飯ですが、見えない何気ない対話の中で現に百姓は生き延びてきたわけです。

ヘビから取り戻した卵を食す

2012・7・23（「菜園たより」7月4週号）

私の頭は、ますます統一感を欠いたまま、雑草ばかりが所かまわずはびこり出し、風通しも悪く、見通しも効かないありさまです。

潜在的熱中症と命名しました。

折よく、大蛇から卵を取り戻したので、朝食に目玉焼きにしてもらい食べましたが、効能は今のところ現れません。この行為に、いかがなものか、と、眉をひそめる方もいらっしゃるでしょう。

鶏小屋で卵をいくつか丸飲みにした、長さ2メートルを越えるアオダイショウを叱責したところ、逃げ出す前に、飲み込んでいた卵を1コだけ吐き戻して行ったのです。

少し迷いもありましたが、結局、神話的衝動に身を任せたわけです。

この夏が終わるなんてムリムリ

2012・8・20（「菜園たより」8月4週号）

飛行機がむやみに空をひっかく音がして、昼寝から醒めました。今日は雨が降るかもしれないと、内々心で思いました。

仕事をしていると、いつも雷雲がやってくる方向は音沙汰無しだけれど、そこここにいる入道雲が少しずつ近づいてくる気配です。内々心は、しめしめと思い始めているのですが、「オレがズブ濡れになるまで信じない」と心に決めているので、空を見上げないようにして、除草を続けていたのでした。

ポツポツと落ちて来ても、雷がとどろいても、「何のことやら」と無関心を装い、雷雲の本気度を試しているのです。あげくに、まことズブぬれになって、あたふたと色々雨じまいをして引き上げてきたのですが、内心は、素直に喜ぶどころか、現実を否定し続けています。

学ぶことができなくなった私は、この夏は決して終わらないと、今も思っています。打ち負かされると、人はこうなるのだな、と、休息を希求しながら、ながめているのです。

ステテコォを思い切り踊ろう！

2012・9・3（「菜園たより」9月1週号）

雨乞い踊りも、どこかで復活したかもしれないけれど、暑い夏に押しひしがれ、時代に後押し上下左右押しされて、ひょろりと出たのはステテコォ踊り。

ステテコはいて「捨ててこぉ」というノリで、近隣の仲間と創作中。いつかお披露目したいです。乞うご期待。

暑さ寒さも彼岸まで

2012・9・24（「菜園たより」9月4週号）

例によって、天候はガラリと変わりました。仕事も我々の体も変わらなければなりません。風景は、盛夏とはずいぶん違っていたし、準備はほとんど植物も動物たちもできていたのでしょうが、人の頭の切り替えが一番遅れがちです。熱中症にしがみついている脳ミソに、情報の整理をしてもらって、盆踊りではなく、秋祭りの準備をしていてもらいたいと願います。

たとえば、干ばつ時に多湿の害を避けるために施した工夫が、いま目ざましく作用してくれればよいのですが、今後は、台風や雪害に備えなければなりません。相反する気象に対応する工夫が、作物のひとつながりの生育に喜ばれ続けるのはむずかしいです。

収穫の喜びの陰には、いつも、山盛りの失敗があります。

「踊りと整体で元気になるべぇ」へのお誘い

2012・10・6（「耕す人の会会報」）

「元気になる」とは、「気」の状態が「元」の姿を回復する、ということだと思います。

ヒトは皆「元気」を願っていますが、諸々の事情やら勘違いなどもあって、気の流れは滞ったり気づまりを起こしたりします。こうしたことが高じると、ヒトの心も体も故障を起こしたり病んだりします。飯田茂実(*)さんは、その人の身ぶり表情などから、どういった気づまりがあるのかを察知し、気の流れを回復させることができます。修練を積み研鑽を重ねることで到達した境地なのでしょう。

私たちは、今回の集まりを、彼の療術と接することで、気づきや共鳴が生じる機会としたいと考えています。踊り部会発足の原点を記し参加される皆様の健康と幸福に寄与することと確信します。

命を見失い、本末転倒の混乱をきたす、私たちの社会も国家も、大元は私たち自身。体と心からだ！　原始力発現！　楽しいつどいになります。

講師紹介　飯田茂実（いいだ・しげみ）

１９６７年信州諏訪に生まれる。舞踏家の大野一雄・大野慶人のアシスタントを務めてダンスと演出を学ぶ。１９９８年よりマルチ・アーティストとして活躍、世界18カ国に招かれて創作・公演をおこなっている。

また、アメリカ、韓国、モロッコ、ホンジュラス、ネパール、フランスなどの国立機関や国内の公的機関にて、演劇、振り付け、ダンスなどの講師を務めてきた。ダンス・音楽・美術・著述・整体術などその多様な表現は、人とアートとの深いかかわりを体現し、国際的に高く評価されている。著書に『一文物語集』『ダンスの原典』など。

ステテコォ　起請文

2012・10・20

ステテコォ！

きっぱりと捨てていきたいものが、たくさんあります。

それなのに生活破壊の張本人が、政権の座に戻ろうとしている。福島で多くの人々が、棄民状態を余儀なくされているその時に「美しい国」「国民を守る」など、しゃらくさい。地団駄を踏みながら、言葉では足りぬ我らの思いを表現したいと切に願いました。我ら百姓は、種を蒔くのが仕事。こんな時に蒔く種はないものかと思案しました。埋もれた種の記憶は、届きそうでかなわない。

と、そんな時、目の前にこぼれ出たのが、「ステテコォ踊り」。

さて、この種、うそもまことも、どこの御仁もわかりはしない。泣き笑い、時には怒りながら、まずは踊り始めることと成りました。

ほんの名刺代わりではありますが、「ステテコォ踊り」DVDできました。（ステテコォ踊り　〇〇町「くぬぎの森広場」より。ユーチューブで検索すると、ネット上でも動画を見ることができます。)

ともあれ、ご覧あれ! 私たちの、腹の底から取り出した、今は定かならぬ力が、皆さまの心と体の琴線にふれることができますように。

そして旅の果てには、汲み尽くせぬ命の流れに、道連れともどもにたどり着くことができますように。

ステテコォ行進、出発します。ご参集ください。

2012・10・29(「菜園たより」10月4週号)

今年の里芋事情

里芋畑の草むしりが終わりました。例年にない仕事で、手こずりました。草退治の時を逸し、目をそむけてきたのですが……

7月に背丈ほどに成長していた里芋は、後ずさりを繰り返し、9月中旬頃に土中にすっかりもぐってしまいました。乾季と認識して休眠してしまったわけです。土に湿り気が戻っても、もはや温度が足りません。万事休すです。里芋たちは、今悔いたり、あらぬ希望をつなごうとしたり、迷っている様子ですが、じきに冬の到来をしっかりと受け止めることでしょう。

小さな里芋は、今年果たせなかった夢を、来年につなごうと、凝縮した決意の姿です。大きくふくらんだ夢と、また違った味わいがあるはずです。

ステテコォ　センチメントたいせつ

2012・11・28

12月2日（日）の「さよなら原発12・2本庄児玉ウォーク」に、「耕す人の会・踊り部会」が、「ステテコォ踊り」を踊りに行くことになりました。

散ル充チル
天知る地知る

世界に尋ねてみたいことがある
足りないものは何だろう
我らが「原発ステテコ」歌う時
「TPPもステテコ」と
肩を押してくれないか
よろけながらの身振りだが
腹抱え　笑ってくれたら有難い
小さく間抜けな行進に
合いづち打ってくれないか
いつのまにやら紛れ込み
笛を吹いたり踊ったり
一緒に行進してくれろ
壊れかけた畦道を　出発するのは
連れ立ち出掛けたいからだ

馬がいて人がいて　ヤギがいて人がいて
君もいた
やがて街に着いたなら　見えるものには盛大な
有象無象のお祭りか
メリハリきいた隊列は　街角仲間と合流し
やんややんやと囃し合い
それこそ風土風土の万象が
ステテコォ
と調和して
生き直す
と唱和する

散ル充チル
天知る地知る

根本の心

2012・12・4

どのような国で、どんな時、原発事故は起こったのか。

数え上げてほしいもの、教えてほしいこともたくさんある。

この国の田畑は、これまでどれほどの太陽光エネルギーを、保存可能な食糧（エネルギー体）へと変換してきたのだろうか。耕作を放棄され、休耕を余儀なくされた田畑は、人間が利用できたはずのエネルギーを、みすみす頂きそこねた挫折の姿ではないか？

遠大な計画を実現し、途方もない労力と時間をかけ、しつらえられた太陽エネルギーの変換装置が、原野に浸食されていく様は、この国がすたれ行く姿に違いない。

食糧生産は、他のあらゆるエネルギー生産の様式に先んじている、効率的、かつ、持続可能な生産手段でもある。数千年の試行錯誤を経て、無数の風土に挑み、世界中にくまなく行きわたり、結実する姿は、見事な樹形を形作った。

しかし、枝先から、枯死が始まった。からみ合うように繁茂していた枝を押しのけ、死滅させながら格別に勢いを増す枝があるのだ。樹形は貧相単調になろうとしている。

食糧は生命維持のためのエネルギーのほぼ全量をまかない、生産活動への参加を可能にするエネルギーのことでもある。食糧自給は、国家のエネルギー自給の背骨にあたる。その自給率の低下は、国家のエネルギー自給の骨抜きのことを言う。

食糧生産地域の現状は、年を重ねては先細り、あたりまえの生命の営み＝命の更新はほとんどなされていない。なぜなら、近頃では、農業を担うにあたり、国家からの棄民として生きる覚悟が必要だからだ。

かといって、驚くこともおそれることもない。考えてみれば、私たちの隣人、鳥や草や昆虫も、元々そのように生きている。棄民たちは、国家とは比較にならない、果てしない世界と向き合っている。孤独でも自由に、はかなくとも、命の実現に力を尽くす毎日は、むなしい自分をいつでも超えていくことである。

人類も、人類による国家も、他の生き物同様に、世界環境の中に包み込まれ、ここからの恵みを受けることで生存可能となる。

国家からの棄民には、まだ、希望の余地だってあるのだ。

3・11福島原発事故は、どのような惨事を引き起こしたのだろうか。放射能禍は、多くの福島県民と世界のつながりを断った。心身とも不可分の故郷を奪われ、世界からの棄民とされた。本分から引きはがされ、国民という肩書を除き、すべてを失った。

人が生き延びるために、国民であることは、決して十分な条件ではない。すべての人々が世界の中にあって初めて生かされることを自覚し、それぞれが望む姿で世界と接し、その一員として生きる実感を得られることこそが大事だ。

国家のなすべき仕事は、世界の成員として生きる国民を支えること。洋上の領土を語る前に、土に依拠し、水と空気に依存する命の一種族として、あたりまえの原理を理解し、原理に沿った原則を保守することだ。失政によって棄民を生み出した国家は、棄民たちが再び世界と合流できるよう、全力を挙げなければならない。

ことはたやすくはない。私は失政と書いたが、これを認めず、国土破壊、国民の生活破壊の歴史的罪を犯した政治家たちが、自ら、保守を名乗り、国会に居座り、明日のこの国を語っているのだ。これでは、国家の体を成していないばかりか、醜く、面目ない。

今こそ、人々は国民の義務と責任とやらを引き受け、国のあり様を修正しなければならない。原理保守の原則に従い、政治家を入れ替えなければ、展望は開けてこない。

再びの開国を口にする人は、このうえ、何を開け渡そうとしているのか。

維新を騒ぎ立てる人は、別種の強欲に我を忘れようとしているだけに見える。

宇宙の圧倒的な力の運行のさなか、私たちは無力ではかなくとも生きる。

太陽は今日も光を届けてくれ、明日も変わらないだろう。水も空気も土も残されている。

私たちが受け継いだ命は、これを全うする力を与えられている。そのうえ先達から手渡され、伝えられた知恵と宝物にも囲まれているのだから、これを深め日々改良することを心がけてゆけばよいのだ。

追い詰められたのは、強欲のことなのだから、余計なものを捨て、目ざめれば私たちの欲望は十分に充たされる。思い出したものを復旧し、私たちのものにできるよう、訓練を始めよう。目の前に遺された贈り物が朽ち、万事休すとならぬように。

さあ、我ら有象無象の者たちも、泥の中から少し身を起こし、声を上げる時だ。我らのみならず、将来我らが継承者たちの糧や寝床を失うことがないように。

このままでは台無しになる風景を、生気みなぎるものへと立て直せるのは、人間世界や経済のことで頭がいっぱいの政治家でなく、背景の細部に埋没してきた人間たちだ。

人間は反転できる。穏やかな混沌を実現して、ねぐらへ帰ろう。

寒さは〝気〟から？

2012・12・10（「菜園たより」12月2週号）

再び虚を突くドンデン返しは、ここ○○町に来て以来最も寒さ厳しい年の瀬を迎えることでした。毎朝、マイナス5度あたりをうろうろし、野菜たちの凍み細りは、例年よりひと月早まりました。

昨年来の放射能禍に加え、今年は気象（降雹、干ばつなど）、原野（アライグマ、イノシシ）の猛威にさらされ続けています。

野の扉は、ずいぶん内側へと退却し、人間の領域は狭まる一方です。この国全土が、同様のせっぱつまった状況にあると、都市に暮らす人々に喧伝したいです。失地回復の妙案もありません。

だとしても、我らが窮状、本当に風前の灯なのですかね？

私は、個人的に、歌舞音曲のたぐいに光明を見出しています。要は〝気〟の持ちよう。沈没船から冷たい海に投げ出された人々が、声掛け合い歌を歌って耐えしのいだ、という話もあります。

「死守する」とか「不退転の覚悟」とかの、いさましさよりも、経済そっちのけの経済性と、あっけにとられる明朗さで敗け知らず、なんかはどうでしょう。

自己紹介

2012・12・13

——卸し先の自然食品店さんのお客様に向けて
私たちは、就農22年目。〇〇町で研修後独立。

耕作面積2・2ヘクタールくらい。100羽ほどの鶏を飼う。

畑の肥やしには、平飼い発酵鶏糞、麦ワラ、稲ワラ、米ヌカ、カキガラ、オカラ、など、土のバランスを考えながら、何でも使う。

ネットや不織布などを使って害虫防除するため、農薬を使うことはない。

輪作を心がけ、畝作りに注意を払い、病害を未然に防ぎたいと思っている。

草対策は、夏場など、エネルギーの過半を費やしても追いつかないので、ボウボウになってしまうこともあるが、やむをえない。これらも、薬剤は使用しない。

いずれも、旺盛な自然相手に「つける薬はない」と思っている。

「野の扉」を名乗るので、〃野〃と、〃人〃の間に立ちたいと思っています。

農村の衰退に伴い、〃野〃に押し込まれ、昨年以降、放射能禍と、TPPも降ってきて、耕作以前に、耕地を守るにはどうすればよいかと、頭悩ませ、立ち位置はいよいよ険しくなっています。

若い人たちに、あまり無残なもの、残したくないと思っています。


２０１２・12月（「菜園たより」２０１２年最終週号）

年の暮れ

忘れがちなことだけど、私たちの体は、水に流され、埋め立てられた記憶を持つ物々で構成されて来ました。

宇宙を旅し、大空を翔け、山脈を越え、大洋を回遊したことも、地底をじりじりと移動したこともある物々。過去、恐竜の骨格や、微細な菌の類の組織を構成した経歴を持つかもしれない、誰のものでもない、リサイクルし続ける物質でできています。

はるかな来歴と果てしない行く末を思い、自分の非力さをつきつけられては、むなしさに飲み込まれそうになります。せつなに執着するとき、思いをはせたり心通わせることを断念することもできます。

しかし、人として生を授けられたからには、あえて心開いて、命の摩訶不思議を味わい、堪能したいものです。

波乱に富んだ1年でありましたが、当菜園も、少しは学ぶことができ、成長することもあったでしょうか？　ともあれ、今年も、おかげさまで、今日の日にたどりつくことができました。はかない奇跡、まだここに在る可能性を大切にして、よりよき年を招来したいです。

来年もよろしくお願いいいたします。

2013年

身も心も暖まる話

2013・1・5（「菜園たより」1月1週号）

凍てついた冬の朝は、山芋掘りに限ります。陽が当たる畑とはいえ気温は2、3度あるかどうかです。スコップで表面の凍りついた土3〜4センチをひっぺがすと、山芋のてっぺんの、今から用意された芽が見えます。夏の干ばつの影響でしょうか、掘り出した芋はどれも小ぶりです。

そうは言っても、土の中の姿勢は十人十色。腕を伸ばしたり足を投げ出したり、肩までは見えてもその先は想像できないのです。〝予断は禁物〟と、離れたところから外掘りし、芋を引っぱっては手応えを確かめ、と、徐々に進めます。着込んでいた上着を脱ぎます。

そんな時です。裏返しになったカエルが見つかるのは。白い腹を上に、ゆっくりもがく姿を見ては、いつも声を上げてしまいます。

生の命、ヌラリとした肌が、北風にさらされる様は、寒々しく、ほおっておけません。畑の隅っこ、春まで掘り起こす気づかいのない、北風がさえぎられた日溜りへ緊急搬送。土をかき分け、彼らを放り込み、落ち葉のふとんをかぶせます。

いつだったか、山芋を掘っているのか、カエルを掘り出しているのか、わからないような冬もありました。

こんな風に、相変わらずの野の扉の新年が始まりました。今年もお付き合いの程、よろしくお願いいたします。（ちっとも暖まらない話で申し訳ありません。）

三種の宝――ひとつめ「ちのみち」の話

2013・1・21（「菜園たより」1月4週号）

正月休みが明けて早々の、10日〜12日の3日間、娘の師にあたる飯田茂実さんを京都よりお招きし、古来より伝わる心身術、三種の宝（みくさのみたから）を学ぶ集いを催しました。私もこの術を日々実行継続しながら消化し、身に付けて行こうと思っています。

三種の宝は、一、ちのみち　二、たなすえ（てあて）　三、おまじない　です。

謎めいていて、得体のしれぬ何かの宗教かと思われるかもしれませんが、違います。宗教よりはるか古く、ヒトの誕生、言葉の誕生にまで遡る、感応する力を自分の中に見出し、それが知恵の源なのだと、得心するための術です。

飯田さんは、時を越え、命の流れを見失うことがないよう大切に受け継がれた宝を、持ってきてくれました。この場で、少しでもお伝えすることができればと思います。悪文、理解のつたなさの向こうに、何かを感じていただければと、願います。

三つの宝の中の「ちのみち」の話を書いてみます。

食べ物の仲立ちをして生活する、我ら百姓には、特別な任務があると思うからです。「ち」は、〝ち〟(血)だったり、〝ちち〟(乳)であったり、〝ち〟(風、たとえば東風を「こち」という)、つ〝ち〟(土)、さ〝ち〟(幸)、であったりと、姿かたちを変え私たちの元へやってきます。そうでなければ、我々はこれらを求め、体に取り込み、隅々に行き渡らせ、滞りなく通過させます。

我々の生きる姿の正体は、〝ち〟の道だと言えます。摂取と排泄の生命現象にとどまらず、世界を巡り流れる〝ち〟の道の、一区間を成していると感じられれば、幸せです。

ところが、我々は、日々の生活の中で、心身に何か溜めこんだり、酷使したりと、流れの停滞や閉塞をおこします。放置すれば病んでしまう。その詰まりを解消する術が〝ち〟の道の術です。

飯田さんは、三つの主たる動作で、活元運動（自律的に体のゆがみを修復する動き）を誘い出して見せてくれました。（ご迷惑でなければ、続きを書かせてください、次号にて）

春が、うつるんです

2013・2・3（「菜園たより」2月1週号）

いつもの年よりも幾分早く、正月明け頃から、鶏たちには春が訪れています。12月に、諸々陰極まったせいでしょうか。春の兆しがくっきりと感じられたに違いありません。

照明を点灯しない野の扉の鶏は、秋口にはどこの鶏にも負けぬみすぼらしさです。目先のエサをめぐって争いに明け暮れ、卵のことなど頭にみじんもありません。数少ない若鶏たちが、不十分ながらもお届けする卵のほぼ全量をまかなってくれました。

それが、節分の日の今日、全身の羽はつややかに生えそろい、うっとりするほどです。白茶けていた顔には、紅々と血の気が充実し、彼女らから向けられる視線にドキリとします。思い出したように、卵も産み始めました。

私も誇らしい気持ちにさせてもらいます。あくびが伝わるように、垣根など、やすやすと越えて、羽の先から手足の指先、梢の先まで、世界中が大きく伸びをしていきます。

風も光も届かぬところで暮らすのは、無念です。

そういったところを作るのは、人だけです。

「元気！　踊り！　なにそれ？？」

（「耕す人の会」会報10号　2013・2・15）

新年早々、1月10〜12の3日間の催し「踊りと整体で元気になるべぇ〜飯田茂実さんを迎えて」から、1ヵ月がたちました。時間帯に制約がある中、会内外より25名、延べ54名の参加がありました。

日々過ごすうちに元気になる、ヒント、手掛かりのようなものが得られたのなら幸いです。私も毎日欠かさずいくつか実践し、体の具合を以前よりずっと感じ取れていると思います。

ところで、踊りにせよ、今回の催しにせよ、何で「耕す人の会」で？　という声が届いています。ふに落ちない、唐突だと思われているかもしれないので、今回そこんとこを、私なりに書かせていただきます。

昨年末の選挙の結果、政権は交代、新政権は原発政策の変更を撤回しました。「電気はどうする、経済はどうなる」と、根拠はよくわからなくても不安を煽り続け、経済がすべてだと言わんばかりです。

「ならぬものはならぬ」という気概のようなものは、自信が支えるのだと思います。そこそこの自然が残る農村地帯に生活する私たちも、中身は都会の生活者とあまり変わらず、グローバル経済の恩恵に浴し、一つ一つお金で買うことが生活そのものです。

しかし、50数年前までは、ほぼ何もかも地域内で調達でき、食糧とエネルギー源の供給地であったとも聞いています。かつて、自立以上のことができた農村の変貌ぶりは、得てきたものと失ったものが積もった姿です。

私は、自立を取り戻すための長い道のりに、とりあえず一歩踏み出したいと願っています。「取り戻す」などと言うと、盗人にもなりかねません。私たちが取り戻したい相手は自分自身です。思い出したり、気づいたり、息づかいや、一挙手一投足の中に、元気を回復します。天地からの流れを頂戴し、なめらかに通過させられればいいわけです。

数十年前に人々が持っていた、原始力ともいうべき力を、自分の中に見つけることから始めます。〝踊り〟と言っても、体と出会う回路だと考えましょう。その先に、表現が生まれてくれれば本望です。

「踊り部会」は、毎月第3土曜日の夜7時より、○○集会所で行っています。ああでもない、こうでもない、と楽しくやっていきます。初めての人も大丈夫、お待ちしています。

味噌は誰のもの？

2013・2・25（「菜園たより」2月4週号）

何をするにも向かない日が続きました。でも、あたりが足踏みしたり、つんもぐっている時、味噌の仕込みができました。

味噌作りのお終いは、味噌だるが空になった時、というわけですが、始まりは、どうもはっきりしません。私たちは、飽きるほど続けられてきた味噌作りの最終幕に参加したのですが、主役たる大豆、米は、今年の2月23日に参加する用意をいつから始めたのか、よくわからないのです。ちなみに、その時かまどにくべられた薪は、鶏小屋のある雑木林の倒木で、樹齢は4年ほどのものでしょうか、栗とヒノキでした。

完熟種子を食用とする穀類は、種取りを自前ですることが多いのですが、収穫イコール種取りなので、その生とか死はどこからどこまでという区切りもなく、途切れることがないのです。

一年生と言われる植物たちは、はかなげでいて実際は、分身の術、変わり身の術で抜け殻を残しては、不死身であり続けます。大豆と人の関係も、人が則《のり》を超えずにおれば、末永く続くはずです。大豆、穀類に限らず、動植物の繁栄に一役買って、オイシイところをいただくのが我らの仕事です。

しかしながら、日本の大豆自給率は5〜6%程度、輸入大豆の75%は遺伝子組み換え大豆です。

TPP（環太平洋パートナーシップ協定）の問題では、関税撤廃による内外の価格差で国内農業が圧迫されるという側面が強調されるようですが、ISD条項(*)というのが「くせ者」です。

日本の国内法（表示や分別に関して義務づける）が貿易の障壁とみなされる場合、国民の意志にかかわらず、国際機関に提訴され、賠償を請求される可能性もあります。米国とFTA（主に2国間で結ぶ自由貿易協定。やはり、関税や非関税障壁が撤廃される）を結ぶカナダや韓国は、実際に米国の企業に訴えられ敗訴しています。

このISD条項を突破口に、多国籍企業の遺伝子組換え作物が、表示なしで、日本の食卓を席捲することもありえます。また、すでに日本では、70種ほどの遺伝子組換え作物の商業栽培が承認されてもいるのです。

政治は、あたりまえのように、売り渡し、裏切るのですが、生産者は痩せても枯れても組みしないよう、祈ります。豆は元も子もなくその命は不死の流れといっても、パートナーたる人間が、放射能やTPPを投げ込めば、あやういものです。

＊ＩＳＤ条項　多国間における企業（投資家）と政府との、賠償を求める紛争の方法を定めた条項のこと。Investor State Dispute Settlementの略語で、ＩＳＤＳとも言う。日本語では「投資家対国家間の紛争解決条項」などと訳される。主に自由貿易協定（ＦＴＡ）を結んだ国同士において、投資相手国の規制などにより企業や投資家が損害を被った時に賠償を求める場合の手続き方法として用いられるが、その他様々なケースで同条項を元にした仲裁がなされている。１９９６年、カナダ政府が米国企業に和解金を支払ったEthyl事件などで注目されるようになった。90年代後半からＩＳＤ条項による仲裁の利用が急激に増加している。ＴＰＰ（環太平洋戦略的経済連携協定）締結において問題視される要因の一つとして取り上げられることも多い。（２０１４・１・17『知恵蔵mini』朝日新聞出版）

春がどうした

2013・3・25（「菜園たより」3月4週号）

桜が咲きました。どこか遠いところのことはわかりませんが、ここら辺の桜花は漫然と現れました。こちらの受容器官の問題なのかもしれないし、背景もほこりにまみれ、ぼんやりしてメリハリが効いていないせいかもしれません。

そんなことを考えながら鶏小屋のある山に入ります。山の木々がやせています。昨年の夏の干ばつ、年明け以来の少雨と強風でへし折られた枝と脱ぎ捨てられた枝の量は、1年やそこらでは取り戻せないでしょう。うちの飼いネコ「ニャー公」の不調もそんな天候と無関係ではない感じがします。今だけ特別に許されて、こたつで丸くなる「ニャー公」に〝気〟を送りながら、無力感にとらわれそうになります。

季節のめぐりはエンストこそ起こしませんが、天候がひどいノッキングを続けるので調子が外れます。あふれ出るみずみずしい命は無邪気で怖いもの知らず。無防備なもので、砂嵐がやってくれば、目に見えない細かな傷で色つやを失います。

一度や二度でめげない天真爛漫さも、度を越せばどうでしょう。霞か土ぼこりの向こう側の琴線は響かず、なかなか届くこともむずかしい。このままでは、貧相な春がパリリと脱ぎ捨てられ、夏が頭をもたげて来るやもしれません。

取り戻したいのは、わが世の春のほうではなくて、なんてことない春のことです。まずは自分に言い聞かせ、お次は「ニャー公」ともども野良のほこりにかけて、

「筋通せ　ちの道通せ　そこのけそこのけ　春　出る」

ＴＰＰいらね連絡会呼びかけ

２０１３・４・９（町内の友人・知人・ＪＡに配布）

２０１１年には、１１００の自治体が、ＴＰＰに懸念を示す意見書を提出しています。地方の声に耳をふさぎ、参加を急ぐ政府の姿勢は間違っています。

説明責任を果たさないばかりか、参加しなければ確かな情報を入手できないと公言して

います。

秘密裏に作られたルールに隷属し、国の姿を改変し、国会及び主権者たる国民の生活基盤を犠牲にし、破壊するなど、言語道断です。

破壊するのは、旧態依然の打破すべき経済活動ではなく、長きにわたり受け継がれた歴史的財産と実生活の質のことです。我の心性、魂の源のことです。国境を越え、素性のしれぬ安価なものに世界を席捲させる「自由」が脅かすのは、風土に向き合い育まれる創意と信頼関係の上に築かれる、地域自立の誇りであり、おのおのが多様な風土と共に歩み、百花咲き乱れる自由のことです。

多様な個性が自給自立を望むことが、すなわち障壁とみなされる契約、投資家に全権を委ね、自分たちの主権を明け渡す契約など、結んではなりません。TPPは、強欲な者たちの野合です。

乗り遅れまいとあたふたせずに、福島事故を起こしたこの国は、肝を据えて考えなければなりません。

未来を損なう犯罪に、STOPをかける時です。

さて、TPP参加に反対する人々は、全国津々浦々、職業や立場によらず手を結ぼうとしています。この問題は農業者だけに関わるものではありません。私たちもこの地域で、垣根を越え、共感し、共同して声を挙げます。

誰かが止めてくれるのを待つのではなく、私たち自身の問題として、私たちがこの手で未来に手渡す社会に責任を持ち、踏み出すのです。

私たちの思いは、多くの人々の思いにつながります。

ガラパゴス経済

2013・4・19

世界が無法状態となる時、私たちは、私たちの国はどう対処するのか。資源は？　食糧は？

2通りの対処法を考えてみましょう。

一つめは、武力に頼る。

自民党などが想定するシナリオです。国土を防衛しつつ、死活問題となる資源・食糧は強力な後ろ盾をもって確保する、というもの。

核保有の潜在力は不可欠と考えられ、政、財、官、の不文律として横たわり、原発がなくならない理由でもある。予想以上の国民が暗黙のうちに支持している。この国は、いよいよ自立とはかけ離れた状態になり、第二次大戦の轍を踏むことになるだろう。

もう一つは、自立の道を急ぎ、世界経済から少しずつ身を引いていくこと。

TPP不参加のリスクを負い、国内に眠る資源を掘り起こし、省資源、持続可能な産業の育成に力を注ぐ。食糧自給率80％達成が重要なカギとなる。

ガラパゴス的発展を模索する。

ガラパゴス諸島は、いくつもの島で構成されるが、フィンチ（ヒワの一種）は、島ごとに変異をとげた。つまり、ガラパゴス諸島では、いくつかの種が特有の変異を成し遂げたが、その内部では、さらにそれぞれの島固有の進化が見られた、ということだ。

己を主張しながら、争いを避ける。孤立を求めず、孤立を怖れず。

グローバルな世界は、少数の巨大企業のマーケットとして、一様均質な世界へと向かっている。大洋も山脈も国境も越える潮流のただ中で、固有の文化を保持し続けるのは、容易ではない。

グローバリズムに抗う、宗教も社会制度も持たぬ我々が、それを達成できるとすれば、人々が己の足で立つ心地よさを選びとることが前提となる。その時、人々が取り戻したいのは、先人の智恵であり、足元の風土を感じ取る力だ。

風土に即して、それぞれ多様な道を歩む世界は、混沌？

いえいえ、百花咲き乱れる景色こそ、調和した世界の姿です。

とりあえず、ひと雨

2013・5・13（「菜園たより」5月2週号）

5月の旱天はよくあることです。夏の果菜（ナスやピーマン、キュウリなど）の定植に苦労したことは、過去に幾度かありました。

ただ、今年の渇きは特別で、山々の緑が深まるにつれ、竹林は黄変して、ほとんど枯れているところもあります。雨後の竹の子なんて、どこの話？　って感じです。

これから始まる、近在の稲の苗代作りのための水は、確保できたでしょうか？

畑の野菜たちは一息ついた感じです。

次のひと雨が早々にやってきて、ダメージから回復できる時間を与えてほしいと思います。

誰のため、何のためのTPP
――我ら〝兵十〟は撃つな

2013・5・25

物語「ごんぎつね」を覚えている人は多いと思います。

ただただ日々を精一杯生きる〝兵十〟が、取り返しのつかぬことをしてしまいました。

〝ごん〟と〝兵十〟は、最後に心通わせるのですが、共に生きる機会は失われたのです。

〝ごん〟は、福島のこと、農村のこと、海の向こうのこと、身の回りの有形、無形の諸々のことです。

〝兵十〟は、我々のことです。TPPは、勇敢な選択のように喧伝されていますが、身の回りにいる人びと、あたりまえのことを、貶めます。

TPPは、降ってわいた話ではなく、過去数十年の延長上にあります。TPPは、横暴を制止する権利を参加国が互いに放棄する取り決めです。我らが直接撃たなくとも、他の誰かが、我らが〝ごん〟を、お金のために倒すことを許すことになります。

新たなFTA、EPAにのめり込むこの国の姿は、〝ごん〟を撃ったことを悔やんだはずの〝兵十〟が、別の〝ごん〟を世界中に求めては、憑かれたように撃ち続け、己もあちこち撃ち抜かれ、身も心も損なわれるようです。不毛な戦いに明け暮れ、世界を殺伐とさせる勝者のいない競争。

ＴＰＰに大義はありますか？　性急に経済的利益を求める以外に動機は見つかりません。成長・発展とは何のことでしょう？

世界はかつても、これから先も、意図しなくても、ゆっくりと、ほどよく混ざってゆきます。我々の身の回りをよく眺めれば、こじ開ける必要も、かなぐり捨てる必要もないことがよくわかります。

「いやだね！　ＴＰＰ　〇〇町連絡会」

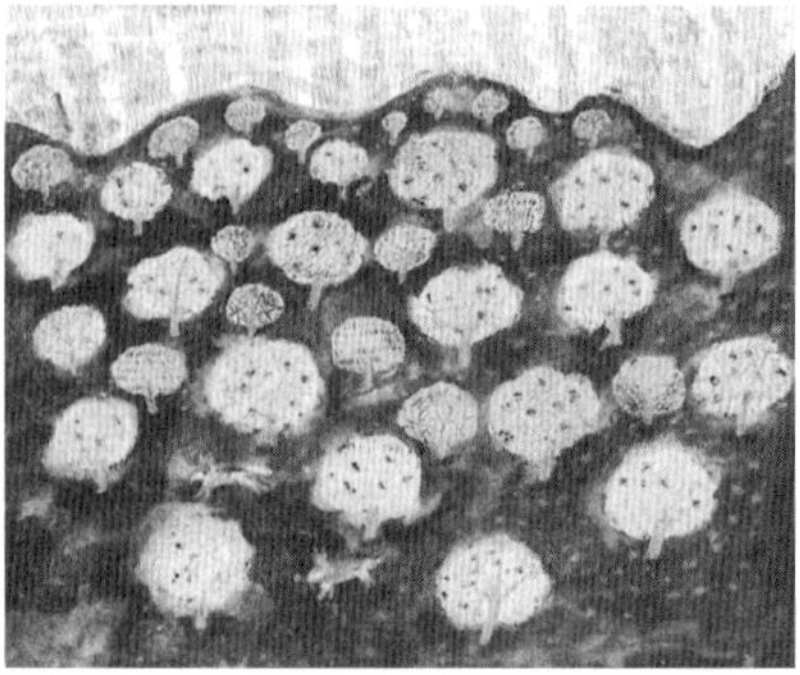

野の圧力

2013・5・27（「菜園たより」5月5週号）

5月20日の午前中、鶏舎が2頭の野犬に襲われました。30羽ほどが食い殺されてしまいました。近年は、アライグマに悩まされ続けていたので、野犬のことを忘れていました。飼い主に捨てられた犬は、野良犬を経て、その精鋭は野犬となります。野の扉は、野のいや増す圧力で破られたわけですが、近年は野と里の区別も判然としないあり様です。

世は、ダメになったら切り捨ててしまえ、という風潮ですが、野の力は生半可なものではないので、境界線を守る中間山地の営みが崩壊すれば、町や都会も大きな代償を支払うことにもなります。非効率とはいえ、日本の食糧生産、防災の大きな部分も担っているわけですから、影響は計り知れません。

と、いつもの方角へ脱線してしまいました。

通常なら、もっとも卵に余裕のある時節ですが、不足することもあると思います。梅雨入りして日照不足、梅雨明け、酷暑がやってくれば……

今後の野の扉の養鶏は、自然減→消滅までとすることにしました。いろいろ悩んできましたが、決めました。卵のお客様には今後、そのつど、見通しをご報告いたします。よろしくお願いいいたします。

雨なし

2013・6・10（「菜園たより」6月2週号）

今回の旱ばつ・水不足は、この国の相当部分に及んでいるようです。長野県では、田植えをあきらめ、米からソバへ作目を変える地域もあるようです。

有数の少雨地帯である、ここら辺りはギリギリ、田植えを先送りして、雨を待っている地区もあります。梅雨前線に期待できないので、木曜あたりの台風3号に期待するわけです。年間を通じて、天王山ともいえるこの時節に、昨年の降雹に続く、試練の重さを思います。

「旱天に向かう百姓　その背中　人間が打つ　ＴＰＰ」

過ぎたるは及ばざるがごとし

2013・7・9（「菜園たより」7月2週号）

8日月曜の午後、待ちに待った雨が…と思いきや、降り出しからものの1分もたたずに、慈雨がひょう変しました。暴風は身の危険を感じるほどで、経験したことのないものとなりました。

時期は違うものの、2年続きの雹害です。夏野菜がたけなわへ向かいかけたところで、昨年よりダメージが大きいかもしれません。とぼとぼと（軽トラックなのですが）家に帰る道すがら、あたりの畑を眺めると、200メートルも行かぬ間に、何事もなく雨だけいただいた、うらやましい風景へと変わりました。

ハチに刺されて、1回休み

2013・7・29(「菜園たより」8月1週号)

「すごろく」を思いつきました。ハチに刺されたからです。

(注!　野菜セットのことではありません)

1回休み　＝　ハチに刺されて　遅霜《おそじも》降って　旱ばつで水なし
2回休み　＝　雹が降る　遅霜続く　野犬出没
1コ進む　＝　何事もなし　天気予報が当たり　アライグマを捕える
2コ進む　＝　旱ばつに稲妻

これらをちりばめると、かなりスリリングなのではないかと思います。ハラハラドキドキ、「上がり」を目指すのです。

すごろくは、お正月などに家族そろって楽しむ遊びでしたが、私のすごろくは、今年を占ったり、無事を願ったり、年の初めにその1年を模擬体験する意味合いもあります。しかし、すごろく上を生きているような人には、追体験になるかもしれません。

笑う門には福来たるとか言いながら、みんなで楽しむゲームですから、くれぐれも「TPP交渉に参加」とか、「原発再稼働」などという項目は入れないでください。老婆心ながら……

早朝の畑で、舞い踊る

2013・8・26（「菜園たより」8月5週号）

「早朝」と言っても、朝が苦手な私の「早朝」なのですが、私は半ばもーろーとしながら、手始めに、鶏の世話をします。雌鶏たちは、毎朝、戸口に体を押し付け合うほど、ひしめき合い、私を待っています。皆、私が、朝ご飯を運んでくるのを知っているからです。ご飯を配り終え、鶏小屋を後にするとき、見送られたことは一度もありません。

少し目が覚めてきます。お次は、収穫です。ここで毎度立ち止まり、少し考えるのですが、結論はたいてい「ナスから始めよう」となります。

ナスは、地主さんのうっそうとした屋敷林に接するところに植えつけました。収穫を始めると、ほどなく沢山の彼女たちが、どこからともなく集まってきます。今朝、私がここに来ることを知るはずもなく、もし私がここに現れなかったら、自分が誰を待っているかもわからずに、死んでいったかもしれない彼女たち。

どうかすると、片方の腕だけで、10匹以上たかっています。露出部分は絶え間なく攻撃されます。時に身の危険を感じるほどです。

じっとしていてはダメです。ジワっとした動きでは意味がありません。素早い無意味な動きを休みなく続け、絶えず頭をグラグラ、カクカクさせながら、ナスを収穫し、葉をかいたり、剪定するのは至難の業です。なかなか満足のいく仕事はできません。

離れたところから見かけた人は、朝から変なものを見ちゃった、と思うかもしれません。本当は、わけがある、早朝のナス畑の踊りなのです。

勝ちに行くほど、いつの間にか、深い闇を背負う

２０１３・９・９（「菜園たより」９月２週号）

勝ちに行っては、結局のところ負けます。田舎はこのような事例にこと欠きません。むしろ田舎はそのようなところです。受け入れがたくても、「お互い様」という身の処し方がなければやっていけないところです。

最大の勝者と思われているアメリカの実際を報告する好著があります（堤未果『(株)貧困大国アメリカ』岩波新書　２０１３年６月刊）。よく売れているそうなので（出版社広告では20万部突破とか）、すでに読んだ方もいると思います。わかりにくいＴＰＰも、この本を読めば概要がわかります。

「ＴＰＰなどやって来なくても、ここいらの農業は消えていく」というのが、近在の兼業農家の大方の意見です。

「攻めの農業！」こんなスローガンとは無縁の底力が、農業を見限ろうとしています。食糧危機、経済破綻まで、あとどれほど時間が残されているのか。短ければ準備が間に合

わず、長ければ、その間に農村の相当部分が失われることと思います。「買えなくなって思い知る」ではすまされそうもありません。世界中から底引き網で集められる情報を利用したり、人間心理や経済学に習熟すれば何かできるのでしょうか？科学は何か手助けをしてくれるのでしょうか？

この星で、光が届く場所は、いつでも薄皮一枚の半分です。闇の深さ広さを畏れます。人間は、これから先も変わらずそんな存在です。

根本のイメージと提案

2013・9・10

1 私が考える「根本」のイメージについて

生活現場から遠く離れたところで、政治は行われています。私たちは孤立しかけており、力を集めることもできず、自分の現場を守る力すら持ち得ていない現状です。

しかし、どんなに迂遠であっても、政治は否応なく、私たちの生活の最奥、隅々まで影響を与えます。私たちの命運の相当部分が、政治の場に委ねられているのです。

このことを、福島原発事故で思い知ることになった私たちですが、あれから、さまざまな動きがあったはずなのに、2年半を経ても、政治の場に何ら変革を起こせていません。私たちの声は届かず、主権者という言葉がむなしいほど、当事者として参加している実感もありません。

政治に関わろうとするとき、「国家とはいったいなんだろう」という問いに、自分なりに答えを用意しておかなければ、表面的、感情的と捉えられ、無責任なヤジと一蹴されるかもしれません。「命こそ大切」といった主張、経済成長への期待、領土問題なども、広い世界の中に国家を据え、その構図の中に位置づけなければ、整合性もなく、矛盾を生じることと思います。頭を抱え、場当たり的対応に追われ、道を進むことなどできるはずもありません。

以下に、私の国家観を述べます。

私たちは、世界から切り取ってきた物質を取り入れ、糧とし、代謝を通して、生きるエネルギーを得、生成物を排出する無数の命の一種族として、営みを続けてきました。絶え間なく移動し、形を変え、流れ動く物質の通り道となることで、はかない生命を維持しているわけです。

必要とする人に「世界の断片」を届ける仕組みが、経済に外ならず、分配と流通とが経済の主な任務です。そして欲望は生命の維持、継続を可能にする動機です。

一個体にとって先天的に与えられ、頼みとする欲望も、関係が双方向、多角化すれば、単純ではあり得ません。経済も複雑化、肥大化していきます。家族を成し、村が作られ国が作られたのは、外部との関係よりも、共同体の内部を調整する必要に迫られてのことだと思われます。

ところで、忘れてはならないことがあります。村にせよ国にせよ、人間が建てた社会は、世界を共に生きる他の生命から頼まれたことも許されたこともない、人間だけに関わる手前勝手な取り決めに基づいている、ということです。広大な世界にあって、人間も、一成員として、生命の掟を超越することはできません。

いくらお金があっても、人間以外の世界を動かすことはできません。あたりかまわず、力ずくで世界を変容させれば、世界は混乱し、当人たちも長きにわたって、そのツケを払うことになります。

人間は、5万年という時をかけ、力を尽くし、世界にあまねく広がりました。その偉業は、多様な環境を生き抜く、文化獲得の歴史でもあります。

しかし、グローバル化の進行にともない、あらゆる多様性は失われつつあります。多様性とは、環境に即し、自立した多くの様式が並び立つ状態のことでした。不便、不都合、非効率、の名のもとに、自立することを止め、結果的に他所に依存し、部分としてしか生きることができぬ社会は、地球の反対側の異常気象や金融破綻によって、致命的な打撃を受けるかもしれません。

世界中に根を張り、枝葉を伸ばし、実を結んでいた人間が、枝先から枯れ、しぼんでいくのは、生物的怠惰、衰弱、のせいでしょうか？　人々は世界から引きはがされ、人間社会に閉じ込められています。養分を受け取ることもできずに、欲望が損なわれているからでしょうか？

しかし、こんな時、国家ならば、世界を単一化しようとする大波に立ちはだかり、その成員を守る機能を発揮することができます。個々の成員から始まり、家族、地域社会に至るまで、風土に適応せんがために編み出された独自の営みこそ、多様性の中身です。世界から見れば辺境にすぎぬ村や地域は、自立を志すさまざまな人々を包み込むように、立ち上がりました。

こうした村々を束ねるようにして、世界の片隅に国家はあるのです。国内の多様な社会、人々を包摂し守ることが、国家の意義と言えます。逆に、多様性を破壊し、世界をひとしなみにするグローバリズムに抗うことができない国家は、価値も存在理由も失います。

今、私たちの国の政治は使命を忘れ、取り戻すべきものは何なのかを理解していません。

彼らが寄り道・道草を許さず急がせるこの道は、先細っていく瀬戸際の道です。利に目がくらみ、我先にと目の色を変えた人々にあおられ、あべこべに国民をあざむき、調教し、その家畜化を進めています。

2 私からの提案

まず、自分の身体から始めます。命の声に耳を傾けることから始めます。政治はここから始まります。プライドを捨て、のびのびとします。卑小さ、むなしさを受け入れ、身軽になります。

山が海を育てる、と言います。山が田畑を肥やし育てる、と言います。生命は例外なく、海、山に育まれます。人が暮らしの永続を願うならば、世界のひとつながりの流れの中に、安住の地を求めることになります。

他の人の犠牲の上に得ていたもの、世界の破壊の上に得ていたものは、手離さなければなりません。準備を進めながら、一つ一つやりとげて行くのです。あたりまえだった豊かさ、便利さをどれほど失うことになるのか、想像もつきません。

でも大丈夫、得るものは計り知れません。置き換えられるだけで、穴があくわけではないのです。根拠を問われたら、私たちが生きていること、気の遠くなる時間を生き延びてきた種族の末裔として「ここにいる」ことを思ってください。

手本も力も、私たちのこの身体と、とても身近なところにあります。

ヘビの知らせ

２０１３・11・４（「菜園たより」11月２週号）

10月中旬を過ぎての、重なる悪天候は意外でした。秋になると畑の水は引きにくくなり、土はなかなかさっぱりとしてきません。冬用の葉物の播種は、終盤でつまずいてしまいました。時候なりの天候を外れると、心も体も調子を外してしまいます。時候より天候。無理は禁物なのですが、じゃあ、今日できなかったことを一体いつできるのか、と思ってしまいます。

「虫の知らせ」という言葉があります。虫が伝令を担って、誰かに何かを教えることだと思っていたら、本当は、人間は体内に「虫」＝他者を宿していて、彼らが本能によって超人的感覚で察知した変事を、宿主たる人に知らせることを言うようです。人は、たぶん大事なことは虫に教えられてきたに違いないし、体の内外を問わず、虫と人間は共生関係にあったわけです。

近年、畑を訪れ花粉やミツを集めるハチたちの数が、めっきり少なくなっています。ネオニコチノイド系農薬の影響と言われています。交渉は秘密なので断定できませんが、厚生省はＴＰＰに連動して、これら農薬の残留基準値を大幅に引き上げようとしています。

先週、私の師匠２人が同じようなことを話してくれました。「今年は蛇が少ない。マムシを一匹も見かけなかった」気がかりそうに二人が言葉にした異変は、蛇の知らせかもしれません。

杞憂なんて言葉はもう信用なりません。世界が虫の息にならないように、世界の秘密を教えてくれる知らせに耳を傾けたいです。

特定秘密保護法とTPPなど

2013・11・23（「耕す人の会」会報13号）

守りたいのは、秘密だと言います。

中身が空っぽと知れる証、汚れていると教える数字、裏切り背信の証拠を秘密にする国となろうとしています。

それから、米国にならって、国民を隅々まで監視する国になろうとしています。法や規制に守られて横たわる〝岩盤〟にはドリルで穴をあけ、企業の活動がたやすく浸透するように変えるのだと言います。

強いものが牛耳る、経済、市場原理が第一、というわけです。手に手をとって、思い思い立ち並び、迷路を作り上げ、企業利益優先の投資家に待ったをかけて立ち止まらせるのは、「障害」で、「差別的」で、けしからん、ということです。

私は、地域の生き生きした営みを取り戻したいと願うだけ。落着いた、あたりまえの生活を皆で実現したいのだけど。

「ぬくぬくと昨日までの、あたりまえにしがみつく、なまけ者」と言われ、「戦え！　勝ちに行け！　攻めろ！」と叱咤するお偉方の言ってること、「積極的平和主義」みたいに、意味わかりません。

よく、経済がよくならなければ、と言われます。私は、たとえば幾筋もの小さな流れが地域をうるおし、それらが集合し大きな流れを作り蛇行する、その流れから取り込まれた水が、こんどは広大な地域の人々の生活をうるおす、というありふれた自然を手本としたいと思います。が、実際には吸い上げられ、かき集められた流れが、一直線に投資家や大企業に向かって流れるように改修されていくのです。

外資をはじめとする企業が活動しやすいように、既得権にあぐらをかく連中を守るための規制は、緩和しろ、撤廃だと騒がれます。

これら厄介者扱いの〝岩盤〟は見方を変えれば、歴史に学ぶ知恵とか、伝統、遺産に関わる、この国の独自性、個性そのもののことです。それらは、映し出されたこの国の人々の心に関わるもの、と考えるべきです。

どういった経緯で規制をこしらえたのか、思い出し、自分たちの生活と心の変化を検証してほしいと思います。

生活の中の一つ一つのあたりまえ、なんてことない私たちの日々の仕草と、その所産こそ、私たちが目にする風景です。

太古から、人々は文物をたずさえ、海山越えて往来し、新しいものが受け入れられたり、忘れ去られたりと、少しずつ景色は変わってきたことと思います。でも、大きく変わった景色の中にも、不変のものがあります。それらが、私たちの原理とか、生きる掟といったものを教えています。

耕す人の会の活動は、こんな約束を守ることだと思っています。

あたりまえにやっていくのは、それだけで大変です。あたりまえの生活をする個々の人間は、まこと小さいです。それでも、そんな生活のほかに、どうしても必要なものなんてあるのでしょうか。

「いやな時代になった」などと、他人事のようにぼやきたくないものです。

根本党の会チラシ　および「ステテコォ踊り　ＴＰＰ編」歌詞

２０１３・12・７

次ページの歌詞は、２０１３年12月８日、東京・日比谷の野外音楽堂で開催された、ＴＰＰ（環太平洋連携協定）交渉からの即時撤退を求める「これでいいのか⁉ＴＰＰ12・８大行動」（全国１５６団体が賛同２５００人参加）に参加して、デモの最後尾で踊った「ステテコォ踊り・ＴＰＰ編」の歌詞です。

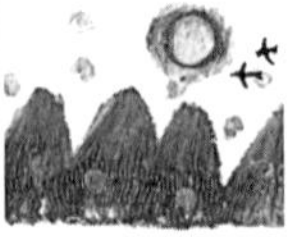

根本党の会

わたしたちは、次の主張を掲げます

①TPP参加に反対
②全原発は発電を停止し、廃炉処分に取り組む
③現憲法九条を支持
④重要な問題に関し、民意を問う方法として、国民投票を位置づける
⑤特定秘密保護法を廃止する

以下は、フェイスブックのページのアドレスです。

アクセスして、ご意見をお願いします。

根本党の会

政治はこうあってほしい、という思いがあり、その思いを共有する人々がいます。目の前の政党・政治家の中から選択する現状に不満を述べるだけではなく、自分たちの提案を出発点に。

自分たちの党を生み出す時です

ウソと秘密で「取り戻す」と宣伝する人々に、このまま大切なものを明け渡すわけにはいきません。

あっけらかんと私たちの願いを公言します。私たちの会は、手始めの旗上げです。同じ思いの人々がいて、そんな人びとも出会いを求めていると、信じているのです。

この国の、どこかで上がる、小さな産声を見守り育てていくことが、私たちの進むべき道です。


私たちは、既成政党にNOを言うだけではなく、自分たちのYESをはっきりと表明します。

私たちのYESは、壊れかけた世界の調和を保守することに最大限の注意を払います。

私たちのYESは、人以外の世界をも尊重しなければ生きられぬ、私たちのあり様を理解する中で発せられます。


この会の目標は、私たちの党が生まれ育つ土壌となることですが、第一歩として、自分たちの主張を掲げることで、既成政党の囲い込みを政策本位のものへと追い返したいと思います。

これは今すぐにできること、今すぐに始めなければならないことです。

そして将来、我々の代表を議会に送り出す力を、用意します。

<発信者より>
私は埼玉県在住の一農家です。原発・TPP・憲法改正などへの様々な反対勢力の声を、政治の場で具現化したい、というのが私の望みです。今必要な「保守」の思いを、従来の破壊的な保守を打ちこわす中で言葉にし大きな声とするために、上記のような呼びかけをさせていただきます。これは、あくまで、たたき台です。正確で力強い、皆の根本となってともに先へ進めるよう、たたいてください。

「根本党の会」に参加し、それぞれの活動の場で、輪を広げていこうと思う方は、以下の連絡先まで、ご連絡ください。メーリングリストを用意しています。

2013年12月

伊藤 晃
〒369-1214 埼玉県大里郡寄居町今市228-3
メール nonotobira@ybb.ne.jp

「ステテコォ踊り・TPP編」歌詞

①〈ホーッ、ホイ〉
ステテコォ　　ホイッ　～4回繰り返し

桃栗三年　柿八年
踊りは　巡って
季節は　巡って
いのちは　巡って
このとおり

野越え山越え　つながろう

〈サーアッ、ハイッ〉
ステテコ　　バンザイ　～繰り返し8回

②〈ホーッ、ホイ〉

ステテコォ　　ホイッ　～4回繰り返し

やせて　枯れても　底力
エンヤコラヤで　日は昇る
取り込み中でおあいにく
〈そんじゃ〉
TPPのみなさま　さようなら

TPPは　ステテコ
TPPは　さよなら
TPPは　ステテコ
TPPは　さよなら

〈サーアッ、ハイッ〉
ステテコ　　バンザイ　～繰り返し8回

③〈ホーッ、ホイ〉
ステテコォ　ホイッ　～4回繰り返し

美し国とか 言ったけど
ドリルでもって穴をあけ
秘密の協定 流し込む
トリモロスなんて抜け抜けと
〈テヤンデー〉
おととい来やがれＴＰＰ

ＴＰＰは　ステテコ
スノーデン　ヨイショ
ＴＰＰは　ステテコ
スノーデン　ヨイショ

〈サーアッ、ハイッ〉
ステテコ　バンザイ　～繰り返し8回

おかげさまで20年

2013・12・20（「菜園たより」最終週号）

社会や政治に背中を向け、道はむしろ外側にあるのだと、急いできました。でも実際は、自分たちもまた、尖りきった岬へと向かう道を急いでいたのだと、今では気づいています。年相応の衰弱を抱える私たちが、あたりを見渡せば、村々も同様に、周辺部、細部より、築き上げた姿を失いつつあります。

この国があまねく抱える退廃をひしひしと感じます。

しかしながら、身の回りにも、そここにも新しい命は誕生し、存分に伸びをしたり、心ゆくまで呼吸しようとしています。

個人的立場より前に出て、世界と向き合わねばならぬ時と感じています。

「おあとがよろしいようで」と言えるように、和解の姿を、みんなで模索するのです。

2014年

あとは野となり山となる

２０１４・１・６（「菜園たより」1月1週号）

1月3日付の日本農業新聞に、あらためて、3・11直前にまとめられた国の今後50年の展望の報告書（「国土の長期展望」中間まとめ）の一部が載っていました。

「人口は３３００万人減、高齢化率4割、現在の居住地域の2割は失われる」とのことで、失われる居住地域の多くは、農林業を営む里地や里山であり、過疎地集落調査（２０１１年　総務省）によれば、いずれ「２３００集落が消滅する」と予測しています。

これを読んで私は、取り戻す、と力むより、「ああ、あそこも帰っていった」と、野山の繁盛を眺めていようと思いました。

身近なところで、あちらこちら、メガソーラー用地として、かつてない規模の里山や雑木林の伐採が行なわれています。奪いながら失いたくなんて、相変わらず欲張り過ぎでしたね。

国家を家になぞらえるなら、家族構成員が減ったら、その分、家は小さくていいわけです。大事だからと、これまでどおり維持しようと思えば、骨が折れます。私としては、台所ばかり狭くしていくやり方は、どうかと思います。でも、出来合いのものを買ってくればいいじゃない。そんなことより祭り（オリンピック）だ！　バクチ（経済特区でカジノ）だ！……

ならば、ふつうにおいしいものを作っていくことです。拍子抜けされたでしょうか？特別な抱負ではありません。憑きものの落ちた風な、年の始めです。

どすこい、どすこい

2014・2・3（「菜園たより」2月1週号）

正月も1月も後にして、何月何日何曜日、と畑に書かれているわけでもないので、朝が来た夜が来た、あったかいぞ寒いぞ、と暮らしています。

「歩く天気予報」とは、誰のことだったでしょう。このごろは、梢の先とか、若葉のヒゲとかに、そういうことはお願いして、私らはお天気そのもののように、ひょうひょうと行きたいものです。

「野となり山となる」なども書いていて、投げやりになっていると思われれば、それは違います。大切な1年を始めたと感じています。四股《しこ》を踏むような感じが、とてもいいですね。

昨冬体調を崩して以来、寒い夜はこたつで丸くなることを許されたニャー公のかたわらで、お茶をすすりながら考えます。

ほとんど野になり山になり、メガソーラーなんかがあたりかまわず乱立したって、一厘、一輪は、残るでしょう。特別根性などなくたって、それらはどこまでも深く広く浸《ひた》していくのですから。

私もまた、そんな鏡をのぞきこんでは、「まだ生きている」と喜び楽しむのを忘れていては、元も子もないですよね。

棄民のこころもち

2014・2・16（「菜園たより」2月3週号）

歴史的降雪災害なのですから、開業20年余りの当菜園は、あらゆる観点からやはり力不足でした。そもそも埼玉県北西部から、山梨、群馬の農村部全域が押しひしがれている状況です。私たちも、よき教訓の中を生きる気持ちで、明日を、将来を、生き延びる道を模索します。

ここ数日、福島のことをよく思い起こします。

「国家の体を成していない」などと批判しながら、わたしもまた、3・11以降、かの地に神経を通わせることができていません。心も体もバラバラ、神経も繋がっていない国で、血が通うとは、せいぜいお金だけでつながる腐れ縁のようなものだな、と、こんどは沖縄のことを考えながら、腑に落ちました。

大分いつものことながら、話がずれてしまいました。

今現在、車ではたどり着けない畑もあり、野菜たちもどこでどうしているのか、一面の雪でわかりません。見通しが立つまで、少し時間が必要です。また、次の降雪予報も出ていますし、2週間ほど時間をいただきたいと思います。

雑感――雪害とテロ

２０１４・３・28（「耕す人の会」会報14号）

今回の雪害を受け、3・11による津波、原発事故による放射能禍によって生活を奪われた人々の、計り知れぬ苦痛を、ほんの少し想像できる気がしました。

ただ、農業施設の相当部分に被害が出た私は、雪が消え、土が現れれば営農を再開することができました。

放射能は、何とも残酷です。

天災のことを誰も「テロ」とは呼びませんが、放射能は、生命・生活に対するテロリストです。いまだに原発を再稼働しようとする国は、テロ支援国のようです。「テロ支援国家」命名の家元であり、ビン・ラディン、サダム・フセインを育て上げた米国と同じように、将来に向けて、禍《わざわい》のたねを播きます。

3年たっても決断できない国は、新学期を前にして、片づけられない宿題を抱える子どものようです。

乾く日々

2014・5・12（「菜園たより」5月3週号）

あまりにも乾いていて、ちょうどよい仕事が見つからない中、たまっていく仕事を数え上げないようにしていますが、繁茂し種までつけた草を、不本意ながら、土煙を上げ、刈り倒す日々です。

山はずんずん太り、いつも通りもいっぱいありますが、そうでないことも色々あります。

何やかやの積み重ねで時節を刻み、カレンダーの日付も落着く感じなのですが、抜け落ち、欠けている何かのせいで、日時は暗記できない数字のようです。

自分の脳みその責任を転嫁しているだけではないのか、などと、あやうさも感じつつ、雨を待っています。

野に国つくり

2014・6・8

私は、人間社会の辺境部、野と人間社会の境界あたり、両世界の定かではない扉の前に、はいつくばる者です。野から大風が吹き付ければ、真っ先に吹き飛ばされる輩《やから》です。今、前方に広がる野を語ることで、自分の置かれた心もとない状況よりも、目玉の裏方に息をひそめる世界について、考えたかったのです。

私たちは、一生命として、所属する社会、国家の一員として、野に宿しています。むしろ、目を閉じて、様々な深度で野と向き合わなければならないわけです。

野の広がりをあなどれば裏山のヤブに迷い、すぐそこにあるはずの我が家に戻ることもできなくなります。

みだりにヤブをつつく者もおり、注意が必要です。

根拠のわからぬ数字から汲み取れるものはわずかです。

そのかわり、漠とした景色やら、人々のざわめき、つぶやきなどから、世界の姿を妄想します。妄想が連なり、伝わり、こだますることがあれば、後に奏でるものを待つこともできます。

その音色に聞き入るうちに、踊り出すかもしれません。ちっぽけな剪定作業、草管理が連なって、絵巻物ができ上がり、人々は見渡す景色に安堵を共有してきました。

訳あって引かれた曲線の見事さ、地表をなぞる幾筋もの曲線は、互いにうなずき合います。この地に生きる人々が、風土に聞き耳をたて描き切った線だからです。

起伏にまぎれ、風景に溶け込み、気付かれぬものがほとんどです。けれど、ためらわず、真っ直ぐに引かれた曲線は村の輪郭を示し、村内部の実相を映し出し、来歴を語ることができます。

つまり、村の正体一切を記しているのです。

保守管理を担うのは、村人です。当事者として、無償はもちろん、己の生存をかけて、引き受けてきたのです。あげつらえば、とてつもない行程が用意されたものですが、おのおの相応の持ち場を受け持ち、私もささやかな貢献に精を出します。

国家はこうして村々の片隅から、この国の風景は細々としてとらえどころのない曲線で編み出され、日々つくろわれています。

普通の村人の手により、国家はようやくその実態を与えられたのです。

私が思うに、国体とは、まさしくこのもののことです。国体は、人びとが多様な風土に従う作法をもって、世界に寄宿する姿と景観のことです。

それでは、人々に落ち度がなく、作法が守られていたら、国体の安寧は保証されるのでしょうか？　世界は、私たちにとり特別な1日1分1秒を淡々と生み出します。

エネルギーは世界を縦横に横切り、流転し、地の底から湧き出し、彼方から吹き込まれ、という風に、様々な姿で、どこからでも押し寄せます。衝突、加速、渦巻きを引き起こします。隆起、沈降、噴出、崩壊も、流れの過程です。

宇宙も地球も、海も大気も、欲望し、動きを止めない。そんななかで、人間は生活しているのです。

波乱も風土のうち、宿命と言えます。国作りに終わりはないのです。

ところが、圧倒的多数が都市に暮らし、多くのものが、性急な欲望のままにひかれる直線で構成され、表現される景色の中で、人々はいつしか錯覚に陥り、世界に囲まれた浮島のような都市を、過大評価しているようです。

都市は、ぐるりを取り巻く世界の息吹にさらされ、世界の奥行きを実感できる大きさであったらよいのですが、膨張は続き、外部環境からの警告も、悲鳴も、内部に暮らす人々のもとへ、いよいよ届きづらくなっています。

人々は目の前の同類にも関心がなく、ディスプレイに熱中しています。

「自由」という言葉は、多くのすれ違いを生み出しています。巷には、新自由主義、自由貿易、などなどの「自由」がはびこっています。この国で平然となされる「わが国は……」「自由経済の……」などなどの発言をながめるたび、「姑息!」と感じ、国民という立場を反芻するほど不快になるのは、なぜでしょう。

彼らの「自由」とはいったい何だろうと考えるとき、強者の一方的「自由」、経済換算できる「自由」、経済力で実現される「自由」のことだと気づきます。

削り取られ埋め立てられる側の「不自由」、不要を宣告される者の「不自由」を語ることはありません。強者の自由ばかりが認められ、世界中ひとしなみ、似通った風景になってしまうのは、不毛といえます。

私たち一人一人が考える自由とは、まったく別物です。私が思う「自由」はよそから見れば、取るに足らぬちっぽけさで、私のものでもなく、権利とも違います。

奇跡や偶然がバネになり、宿命や定めに後ろ髪をひかれ、世界は作られていきます。私たちは思っているよりも、身も心も外部世界と通じ合い、境界もあいまいで、自由は、私の中ににわかに芽生えるものではなく、私の境界をまたぎ呼び合い動き出す、私を載せる風のようなものです。

不動と思われる巨木も、あてどなく自由な旅を続けています。ちっぽけな生命もグローバルなものなのです。

願わくば、よきものを匿《かくま》い、養生させ、未来へと送り届けたいものです。追っ手をかわす小道は、やがて、張り巡らされた網となり、時空をこえる迷路は強度を増し、岩盤となります。トップダウンで打ち下ろされるドリルを受け流し、再生の糸口、まだ癒えぬ傷口も守りたいのです。

景色の片隅でつくろい続ける人がいて、その周りで少なからぬ人々が試行錯誤を始めているようです。

人々が普通に思い、感じることが言葉にされないと、つまらぬ言葉や作文に言い負かされ、言いくるめられてしまいます。すでにある立派な知恵が、いつまでたっても、中身のない言葉に抗えない歯がゆさをずっと感じてきました。

定点観測しながら、せめて見えるものを整理しようとしてきたのですが、近ごろでは、定点に立ち続けるのも楽なことではありません。

地べただけ見ておればよいものを、と言われますが、遠くをみるのも百姓の仕事のうちです。

人里の風景は、人々が感じ、考えたことを起伏の上に刻み続けた知恵の結晶です。忍苦よりも、あこがれが成し遂げた仕事です。世界に寄り添い、愛し愛されたいという欲望のなせる技です。人は世界の外部でも中心にでもなく、その中に混じり合う一要素です。

私たちは、蜂があこがれ飛び立つように、クワを振るい、種を播くのです。心のままに欲し、挑むことが許された世界で、自生する草木に並び、今に甘んじて生きることができるはずです。

2011年2月に発表された、国交省の50年後の未来予測は、全国で2300の行政区の消滅を予想しています。3月11日大震災の1カ月前です。

また、今年5月9日の新聞には、民間の研究グループによる未来予想図が掲載されていました。私の住む町も、若年女性数の半減が予想される町として、小さく載っていました。

どちらの報告も、行き先を知りながら、ただ静かに坂道を降りていく人々を思い描いているようですが、どんなものでしょう。

私たちが壊したまま、放置するほころびが、国を破ります。

どこかの国に守られようと、支配され続けようと、刻々滅んでいます。滅びかけた国に生きながら、新しい国、私たちの国作りに励むのは、楽なことではないでしょう。


それにしても、なぜ私が、村作りと言わずに、国作り、というのかと問われるならば、歴史的遺産を食い潰しながらの惰力と、形ばかりの延命措置を得て長らえている村に細々と暮らしながらも、どこかで、同様の境遇にある多くの人びとを思い浮かべるからです。

みじんの細胞のごとき私たちは、はるか遠く、新しい国に思いを馳せることで、世界を萎えさせる大きな力を前にして、小さな村を作るという目の前の途方もない困難に、ようやく立ち向かうことができるのです。


人となるまでに、10万年。

村つくりに1万年。

国つくりに1千年。


野も望む私たちの使命は、きっとこんなことです。

秋になる

2014・8・25（「菜園たより」8月4週号）

ここ数年続いた夏の日照りもなく、夏草は刈っても刈っても、ぼうぼうとあたりを覆いました。

ついでに、私のヒゲもよく伸びました。草にまぎれ、夏にぶら下がり、暑苦しいなりでも「一体化してしまえ」。

私は夏なので、片はじから忘れていきます。

日差しの中で、ダラダラして見えたのは、私が夏のせいです。

でも、夏よさらば。夏の私よ、さようなら。

くだらないヒゲに愛着が生まれ、夏の終わりに拍子抜けしながら、私も秋にならなければいけません。

何から始めますか？

2014・8・30（「耕す人の会」会報16号）

ここで出来ることがたくさんあります。たぶん……

この会の会員のほとんどが、各種生協、農協の組合員でもあります。それから、これまでのところ、皆、日本国の国民ですね？　組合は、自分たちが立ち上げたものではないけれど、設立は遠い昔の話でもありません。私たちが出資者、組合員であり続けるならば、やはり共同責任者、ということになります。組合員が、その運営に関心をなくせば、組合活動は停滞し消滅するかもしれません。

また、私たちが自分たちの意志で建国し、選んで参加した国ではないのだけれど、一億分の一とはいえ、我々は、この国の主権者です。なさけなく思ったり、迷惑に感じることがあっても、沖縄の人や福島の人々のことを思い浮かべる時、落着かなくなるのです。国の運営に無関心では、不本意な方向へ向かうかもしれません。

農協も、地域にとって大切なインフラを提供しているので、なくなっては困りますね。この会が、いま地域で直面する課題、おぼろげながら見えてきた将来の無理難題は、実のところ町や国、農協がおのおの頭を抱えているより、智恵を出し合い、協力せねば手に負えるものではありません。どの組織の構成員も我々なのだし、末端、先端部のここ、痛みの現場で出来る手当をしながら、見聞きした情報を伝達、発信することからしか、何も始まりません。この会の持続発展も、会員が地域を見守りながら、あそこが痛い、ここがやばい、ああしては、こうしては、という思いがあってこそ。

すこぉーし美しく、ちっとんべー清々しい日がやってくるのが楽しみです。

サムライ大国

サムライ大国！　ニッポン　ヤッホー
サムライ！　ヤッホー
サムライ！　サイコー
お金で始まる　１日が
生きることは買うことからね
経済大切　お上ヨロシク
パート　契約　アルバイト
今は不遇な身の上も
失業浪人　くじけるな
いまにきっと出番あり
貧しくたって　サムライだ
立派に国を守るのさ

２０１４・９・25

サムライ！　ヤッホー
サムライ！　サイコー
サムライだらけの国に生き
感謝こそすれ　疑わず
国って本当　有難い
ついていけない　その愛に
なるたけ離れて〝くに〟作り　ヨイショ
吹かれて破れ　流され潰れ
体裁保つも容易じゃない
我らの〝くに〟はつぎはぎの
繕い跡こそ誇らしい
我らのくには　こう作る
嵐の合間にやっとこさ
獣や草と押しくらし
取り返されたら　また　ヨイショ
どっちつかずの　軍配は
慣れっこ　これが生きる道

お金のためではないけれど
ボランティアでなく　生きるため
人の〝くに〟はこうやって
すき間にかつかつ建つものさ
イノシシの国のその隣　ミミズの国の真上でね
カマキリの国のお向こうさ

ニッポン国のサムライは
そんなことなど　おかまいなし
われらの国はどーの　とか
彼らの国はこーの　とか
トンチンカンは見境なし
国を守ると言いながら　禄と立場を守るのさ
国とは何かと訊ねたら　禄をくださる方と言い
むくいる義務はことわれぬ
禄とは何かと訊ねたら

海山大地のお恵みで　下々の者が丹精し
こさえたものが巡ぐりに
色々うまみが出るものさ

生かさず殺さず　末長く　貢いでもらう仕組みこそ
サムライ国の打ち出の小槌
だったら　ごらんよ　サムライさん
ヤッホー　言ってる場合かな
生かさず殺さずいたものが
みんなそろって高齢化
海　山　大地の大元も　縮み汚れてたよりない
気候もはてな　で　少子化だ
昔の人が言ったよね
「元も子もない」　このことさ

サムライ！　ヤッホー
サムライ！　サイコー

今日も内輪で盛り上がり
空ろがふくらみ　パッパラパー

あったためしのない国の
辺ぴでうっそう山の中
鳥のさえずり　セミしぐれ
百姓　ヤッホー
非国民　ケッコー
梢の間に間に　消えていく
サムライ　百姓　おしなべて
虫ケラ　獣も　平等に
日　月　火　の力借り
水　木　金　土　でき上がる
ことわり　掟は　曲がらずに
えらい思想も用はなし
サテ　〝くに〟作りへと　よっこらしょ
そんじゃ

朝ガール　募ります

2014・9・25（「菜園たより」9月4週号）

朝見てみてね　世界の不思議
待ちに待った朝だから
あこがれ　旅立ち　りんりんと
一世一代　うるわし装い
一番しぼりのかぐわしさ
希望をなくしたあなたさえ
立会い　息吹に身をさらす
ほらね　ほらね　あら不思議
朝があるよ　と　伝えたい
さあさ　しずかに　お立会い
朝なればこそ夜を知る　手がかり　こん跡そこかしこ
露と消えゆく背中から　夜の素顔は　なるほどね

闇と言えどもほぼ半日　何も起こらぬはずもなし
休まず正しく用意した
朝があるよ　と伝えたい
あなたにこそふさわしい
今日の始めにふさわしい
「朝があるさ！」と言わせたい

性別・年齢不問です。
眼目は、開かれた朝の畑で、
それぞれが思い思いのひと時を過ごすことです。
つまり、私たちは、あいさつを交わすだけかもしれないし、
収穫を手伝う方がいてもいいのです。
制約なし、約束は個別に、という具合。
一風変えてみませんか。

道半ば

2014・12・17（「菜園たより」2014年最終号）

2月の豪雪で、あっさりと寄り切られなかったのは、年初めの入念な四股ふみ、そして何よりも皆様の励まし、支援のおかげでした。降雹もなんのその、好天に恵まれ、虫害も思いのほか、秋以降堂々たる豊作の年となりました。

とはいえ、明日のことはわかりません。まだまだ続く、道半ばの復旧作業もあり、一年の余韻を楽しむいとまもありません。背中に射られた3本の矢を背負い、TPP立ち込め視界不良、隙をうかがう神出鬼没の獣たちに囲まれる、食糧生産現場を思えば、やりたいことは山積みなのです。でも、心配は野積みせぬよう、仕分け整頓していきましょう。

今年から、SさんとOさんが、助っ人として名乗りを上げてくれました。息子のYも加え、奇想天外な布陣で、来年もじわりじわりと行きたいです。

あと、それから、朝ガールのほうもよろしくお願いします。

ともあれ、今年一年大層お世話になりました。

やまゴボウ
てるて

2015年

憲法前文私案

2015・1・2

繰り返される天変地異、日常の出来事となった激烈な気象、私たちは、人を取り巻く外部世界の広さを感じながら、精一杯生きています。

他のあらゆる生命同様、食べ物を得、心地よい居場所を確保しようと、日々格闘します。生命とは、例外なく困難な境涯の中にあって、花開き、光放ち、集い、出会おうとする、いとおしい者たちのことです。

私たちが国家を成すとは、寄る辺なき世界に生きる仲間が、互いに手を差し伸べ、むなしい思い、みじめな思いに沈む者を支え、集い、共同することです。

私たちは、ままならぬ海、山、大地に寄宿しながら、国家、国民の末長い生存を可能ならしめるよう、人間同士の諸関係を律する倫理、私たちが世界環境と関わるうえでの作法を、出発の日に記し、憲法とします。

私たちの憲法は、国家、国民から、孤立、枯渇を遠ざけ、世界から祝福される、再出発のための約束です。

以下不掲載

2015・1・15発行「まちねっと○○通信」に投稿

「そんじゃ〝この道〟どこ行くか言ってみな！」

私たちが、道半ばにいると言われている〝この道〟の先頭を行くのは、要領を得、登りつめる才能をもった申し子のような方々。疑うこと、大きく迷うこともめったにない。愚にもつかぬ発言、その料簡の狭さと裏腹な自信は思考停止なんてものじゃなく、〝以外の道〟を思考する回路を欠いている。そんな方々が、思いつめ身を固くして、スクラムを組み、戦闘態勢に入っているやに見える。

法律はあたりまえに彼らのもの。この道のジャマはさせない。国土であれ国民であれ、容赦なし、というわけだ。ほんじゃ、こんな国は抜けましょう。一度おひらきにするのがよいでしょう。

あなただったら、どんな国？

準備を始めよう。
いろんなものを作ろう。
平らかな心と時間を少しずつ回復しよう。
新しい国つくりにとりかかろう。
亡者の道を離れ、星の道、風の道を行く。
踊りながら、歌いながら行くのです。

私は、3・11以降考えます。
世界はでっかく、人間は小さい。
自戒を込めて、
世界最悪の、人間の思い上がりをいさめることから始めたい。
護憲では、〝この道〟行き、止められそうにありません。
まずは、新しい国の設計図作りから。
某改憲草案も、あっけにとられ、退散するような、
あなたの憲法、私の憲法、作りましょ。

世界との接し方

2015・3・6（「菜園たより」3月1週号）

人間社会は、世界環境の上に浮かぶ島のようなものです。人間が生き物である限り、重力をまぬがれないとの同じで、世界とどこかで接し、糧を得なければなりません。農林水産業は、接点で行われる生業《なりわい》で、中断は許されません。

私たちは、人間社会の内側へ向かって生産物を送り出しているわけですが、産品の元になる土、水、空気、光は、世界環境頼みです。接点では実に多くの作業が継続し、よい土、水、空気が取り込めるように手入れされ、この過程で、多くの人の心を安らかせる景観は生まれ、いらぬイノシシや竹などは押し返されます。

というような話は、ご存知のように、かつての話。かなりデリケートで、地形をなぞるような手間仕事の担い手は激減しています。にじみ出るものをすくい取るような接し方、重力を喜びに変える魔法がほしいのです。

ですから、農家が生き残りをかけて強くなれ、という話ではなく、人間社会が全力で、接点をなんとかしようとしなければ間に合わない。そんな作業に手をたずさえ集う人々が、農林水産業を営むことになる、というのが本当の話です。

哲学者の内山節《たかし》さんが、東京新聞の「時代を読む」というコラムに、3月1日、「自己主張だけの農業政策」で、以下のように書いていました。

人間は、おおいなる自然に感謝し、その無事を願い、支えられて生きるしかない。自然という他者の声を聞きとろうとする姿勢は、さまざまな他者に対しても同様に、他者あっての自己という関係性の持ち方をさせていた。

でも、今の日本は、自分のやりたいことをやる、というだけの雰囲気が政治から社会までを覆っていて、それが強さだというような社会ができ上がってしまったのである。(中略)私たちは、いまこそ、大いなる自然と人間の関係を語らなければならないはずである。

山は誰のもの？

（2015・6・3「耕す人の会」会報20号）

昨年、地主の了解を得て、当会と猟友会のYさんの手で、地元の里山に立てられた、下記の立て看板について、県の猟友会事務局より問い合わせがありました。立て看板は、何も野暮でケチ臭いことを言っているわけではありません。この地域の里山を守るには、欠かせない道具のようです。

地域の「今」の山の姿を一番よく感じ、知っているのは、たぶん当会の協力者、猟友会のYさんでしょう。彼の話を私なりにおさらいします。

里山が禁猟区でない以上、免許を持つ猟師の立ち入りは自由です。ですが、この地域は関越道と県道が走り、猟犬で獲物を追い立て、銃で仕留める猟は、大事故を引き起こしかねない、責任ある猟師ならばそんなことはしない地域なのです。

それで、ワナ猟を行っているのですが。もしも遠方から事情を

> この周辺の山は私有地につき、**いかなる場合も**許可無く立ち入ることを禁ずる。立ち入った場合は不法侵入により警察に通報します。
>
> 地主・地主会
> [redacted]町耕す人の会

知らぬ猟師がやって来て、犬を放ち獲物を追ったならば、山中に仕掛けたくくりワナが何らかのトラブルの元になることも考えられるし、関越で事故を起こしでもすれば、この地域は禁猟区、銃猟禁止区域になってしまうかもしれません。

さてこれはまた困ったことになります。ワナに100キロ級の大物がかかった場合、しとめるには、銃が必要だからです。

山に入り、イノシシの動きを観察し、ワナを仕掛け、こまめな点検を続けるのは骨が折れることです。立て看板はYさんの縄張りを示すためのものではなく、彼の骨折りをサポートするために立てられています。

ところで、私たちの会は足掛け3年、里山の下草刈りを行ってきました。少しずつ参加者も増え、刈り払い面積も2町歩に迫ろうかという勢いです。当初、里山の荒廃が獣害を招いている、自分たちでできることを今やらなければと、余裕のない思いでしたが、いよいよ、「里山保全」とも言える目標を参加者は共有しようとしています。

今や実利をもたらさない山ですが、私たちは日々、目には見えない恩恵を里山から頂いています。

皆さんご存知のように、私も住む今市地区の北側に、メガソーラー建設が進み、10数ヘクタールの山林が皆伐され、数万台のダンプカーが建設残土を運び込み、これを造成したうえ、太陽光パネルピラミッドができようとしています。先日遅ればせながら、建設業者を招いての説明会が、近隣地区に呼びかけられ、多くの参加者を集めて開かれました。

　里山が里山でなくなり、変わって、実に多くの不安の素が生じ、私たちは何より、「安心」を、あたりまえの景色と一緒になくしたのだと、今さらながら気づきました。

　ああ、しかも、再生可能エネルギーと言っても、20年のことです。里山は、半永久的エネルギー生産貯留地です。人間がどうあがいても、植物が数10億年かけて培った太陽エネルギー変換システムにはかないません。てっとり早くて経済的な技術は、使い方をよほど吟味しなければ、実は本末転倒の結末です。あの日を忘れ、繰り返す人間……

　私たちは、自分たちの再生可能性に十分留意し、つまりぶっ壊れないよう、ゆっくり、着実に、できることをやっていきましょう。私たちを取り巻く山、本当は安心の源の山、たとえ誰もいなくなっても山を残した方がよほど良いのですから。

6月の砂嵐

2015・6・12（「菜園たより」6月2週号）

6月の砂嵐は、記憶にありません。「二十四節気」などと、人間は心の拠りどころをもうけています。でも近年、年を追うごとに日常は常ならず、何とはなしに喪失感に足をひきずりながら、「ではここはどこ、今日はいつですか」と尋ね歩いています。

他の生き物たちはどうしているのかな？　真新しい者、初めての者たちは、「間違いだったのかも」なんて思いが頭をもたげても、戻る道なし。打ちのめされたり、魂はささくれ、すさんでしまう者もいるかもしれません。いちずに展開しようにも、骨張り筋張ったりと、生きるのでやっとこさっとこです。スイッチが入り、いや応なく押し出された者たちが、いまここにいる「歴史の重み」を信じ耐えるけなげさに、感心します。

いつの間にやら、桑の実は熟れ、無数の生き物たちを喜ばせ、まき散らされ消えていきます。麦は、つべこべ言わずに枯れ上がっていきます。一つの出来事とて決定的でなく、核心につらなる物事もないようです。ただ、今日も世界は、骨ばり、筋ばったものたちで、ようやくその姿を保っています。

このたよりが届くころには、思い出したように降る雨をとらえて、人間たちも田植えを進めることと思います。

夏にやられちまった親を、嘆くことはないのだよ

２０１５・８・17（「菜園たより」8月3週号）

お天道力まざまざ、といった夏でした。お盆過ぎれば、たぶん峠は越えたのでしょうが、私たちの体は、これからが要注意ですね。熱中症も大変なものですが、熱やら光やらへの対応で、体は相当弱っていることでしょう。そういえば先日、娘に「親はやられちまって、なんとか生きているというありさま」だと書かれていました。

私は、この時代、この夏の生き様として、半分くらい、やられちまっているのでよいのだよ、と諭したいです。

どんな季節も安穏と生きられないのが、私たち虫けらの宿命でもあります。そもそも、世界の力の猛威をしのぎきることに全力を挙げることなく、命のこと、人間のこと、世界のことなんか、少しも見えてこないと思います。思想だ政治だと表面的な言葉は、経済・金勘定に言いくるめられてしまうだけでしょう。

私も日々浅知恵で生き延びているのですが、浅知恵を発揮するに際して心掛けるのは、分際ともいうものでしょうか。大きな力とせめて瀬戸際のバランスを保ちたい。自分のしでかす破壊が思いもよらぬ結果をもたらさないよう、短期間で回復、復元される微々たる力の行使が、哀しいけれど、ちょうどよいと思っています。

些細なバランスを保つ試みが連なり、折り重なり、世界の中に人は生きていけます。均衡の破れが、資源の枯渇であったり、いくつかの種の絶滅であったり、争い、戦争の原因であったりと、細部からの積み重ねあっての薄氷のような平和なのですから、立派な言葉も実に頼りなく、大方ははかないものとなります。

私の見立てでは、滅びの道をこの道と決めひたすら先を急ぐ大層偉い人びとを、カメムシが私たちを見るように、手短かに確認します。言葉が通じぬ、害をなすかもしれない異種が、今何をしているかを頭に入れておいて、一心に樹液や果汁をすするように、雑草を引き抜き、刈り払い、種を播くのです。

夏の忍法、化身の術、伸び放題の術を駆使し、ダラダラと、ヨロヨロと、草の道を行きます。

命の流れが　くにつくり

2015・9・13

2015年の夏は、例年より相当早くやって来て、たぶん沢山の人をその熱波で打ち負かし、打ちのめしました。しかし、終わりを予感させぬまま、スイッチを切られるように尽きたのです。それは、もうどこにもいないのでしょう。私たちは夏を生き延びました。

生物は、膜を隔て外部と内部の力がつり合い、平衡が得られている間、生命を維持することができます。つまり、破裂することも、潰れたり、しぼんだり、枯れ果てることもなくその姿を保てるように、内外の力の均衡をはかる営みが、生きる前提となります。

私たちが生まれながらに持つ、世界と折り合いをつける力の多様性が〝生物多様性〟の相当部分を実現しています。苦難の歴史、幾多の試行の過程で居場所を得た者たちが、今を生きているのです。

しかし、新たに居場所を得た者の営みが、世界に変容をもたらし、結果として生まれたすき間に居場所を得る者の出番を用意することにもなります。

こんな中、私の一つめの細胞も、生命の起源から時間をかけ生まれて来ました。そしてその細胞が体を呼び求め、ここに私がいるのです。今を生きる生物は、皆同じく、生命の起源から生えてきた者です。変容し続ける世界の今を生きる私たちを、少し離れてながめるような視点が、私たちが将来を生きるにあたり、役立つのではないかと考えています。

私は農業をなりわいとし、百姓の端くれであろうと思っています。百姓は、今日この頃では、人類よりもむしろイノシシに近い存在だと思えます。イノシシの跋扈《ばっこ》に手をやく日々を送りながらも、人類は我々から遠く離れて生きているのだと思うのです。

たとえて言うならば、イノシシには休日がないように、私にも休日はありません。世界は気ままで、休むことがないからです。残業代とか、最低賃金とかも無縁です。事業主というもっともらしい呼称とは無関係に、そもそも基本的人権、その中核にある生存権すらおぼつかぬものです。人間社会の外側に向かって権利を主張するのは無駄なことです。それでもなお、その私たちが、人類、社会の一員と認められる理由は、私たちが、人間社会の外縁部で外部世界と接する膜の役割を果たしているからです。膜を通して、外部から必要な栄養、有益なエネルギーを得ることで、人類社会は生きています。

時折、膜を突き破るようにして外部世界は、人間社会の内部深くなだれ込み、生命、財産を奪い去りますが、想定外の桁違いとして隔離され、忘れられていきます。人類社会外部に脱帽し畏怖し続けるのは、その爪痕を少しずつ修繕する、私たち百姓、および他の一次産業従事者の役割なのです。

そんなことで、私たちは、もっぱら辺りの様子をうかがい、聞き耳を立てたりと、この居場所を失わぬように気づかい、克服したり打ち負かす構えよりも、回避したり受け流したりと、しのぎきる受け身に熟達していきます。

こうして私たちは、景色の奥、外部世界の深部からふつふつと湧き出る大きな力ゆえに、世界は語り尽くせぬ一文字で書かれる何かだと、肌身に感じるようになります。

天気予報などでエルニーニョ現象が語られ、説明、謎解きに使われることがあります。エルニーニョ現象は、世界から掬い出され、名付けられた、水玉のようなものです。多くの人々にとって、水玉を渡り歩くこと=生きることだと考えられています。もやもやとして茫洋とした大海原に浮かぶ、特定され、名付けられる、水玉。

どれだけ水玉を見つけられるか、隠された水玉を浮かび上がらせるのかが、知性の仕事と考えられているようです。水玉を素早く列挙しては、それらを比較、数値化したり、比喩を用いて、色合い、規模を評価する能力が重要視されます。

誰かが2つの水玉の連動を力説しても、私たちは「なるほど、海はつながっている」という事実を納得するだけです。大海も、大きな流れの通過点。流れは、太陽、月、そして地球の深部からも力を得て、うねり続けます。炎かと思えば、水の姿を借り、また風となり、熱となり、潜むこともあります。

人間はあれこれと名付け続ける一方、名を失い続け、いつまでも世界は水玉模様、名前で充たされることは決してないのです。

私たちは、流動する世界に流され運ばれながらも、生命力によって未知の世界へと、向う見ずにもほとばしってゆくのです。生命力は、維持、保存に関する力とは別に、拡散していく果敢な野生の力でもあります。人は、思慮深く見えてもたいがい、背後からこの力に操られているやに見えます。

無軌道な力を人間社会の中に解き放つのは、個体にとり、その身を危険にさらす行為かもしれません。反社会的と指弾されかねぬ噴出を制御するのが、国家です。

国家は、周到に流路を用意し取り込もうとします。なにしろ生命の奔流とほぼ対極にあるのが、硬直し、動じることがあってはならない国家ですから、敵対し存立を揺るがしかねぬ偉大な力を手なずけ、己が力とするためなら、何でもするのです。

「日本国」も、よこしまな欲望抜きには成立しなかったことでしょう。建国に理念などは縁もなく、国家の定義といったものも聞いたことはありません。戦後の憲法などの立法に先立って、国家の存在はすでに疑う余地のないものだったのです。

誰かが「日本を取り戻す」という時、彼は現行法成立以前の国家を思い描いているに違いありません。そんなありさまですから、国家権力を法で縛ろうにも、肝腎な時に役目を果たせないのです。

加うるに国家権力は「世界を創る」ことに無関心、無力なのに、壊すことのほうがずっとたやすいゆえに、我らが天体すら破壊できる権能、何もかも台無しにできる力を持つ者として、ついに、神の隣にすわるのです。

現在のような人間世界の情勢の中に生きるにあたり、自分の「日本」を問うたことがないと、丸め込まれます。自分の中に、好ましい「日本」像が少しあれば、居心地の悪さを感じ、応じることができます。こんな感じでどうでしょう。

「そうだ、日本を取り戻す！」

「原発などなかった日本を取り戻す」

「他国に隷属せぬ日本、仲間を踏み台にせず、自分の足で立つ日本を取り戻す」

私たちはこの際、進んで「日本」に拘泥し、「日本」を遡上してみましょう。サケが生まれ育った河川を、はるか上流まで遡上するように、淀んだ河口あたりでお茶を濁し、旅を終わらせることはありません。

私たちは、ほどなく「日本国」という領域を後にすることでしょう。拍子抜けしたり、虚脱感にとらわれる向きもあるのかもしれません。しかし、命の源流を目指すとき、「日本」「国家」は入り口の看板にすぎません。あこがれ、なつかしい感情は、しだいに険しさを増す流れのずっと上流部へとあなたをうながし、遡上を再開させます。流れにもまれる旅は、遡るにしたがい、強くなる呼び声に応えるように湧き上がり、みなぎる力で満たされてゆくのです。

つまり思うに、私たちは未来の果てへと放たれながら、命の流れの源へ回帰しようとする激しい衝動を持っています。流れ流され未知の世界へとなだれ込む孤独感や、寄る辺ない境遇は、私たちの来し方を振り返りながら、受け入れることができるのです。記憶をたぐる旅、命の流れをさかのぼる旅の門出にまぎれ、思慕の念をかすめ取ろうとする国家、流れに立ちはだかり、最終目的地は国家だとささやく手合いに、すっきりと「違う」と言います。

国家という仕組みを、流れの中、ふさわしい位置に据えたいものです。

アンダーコントロールの中で、つかの間の安逸
アンダーコントロールの嘘、ほころび
大切なものを見て見ぬふりし
我らが流れ行く先を気づかうこともやめるのですか?
いいえ、アンダーコントロールはさらば
ずっとずっとさようなら

私たちは新しい国つくりに忙しくなるのです。世界にあるかなしかの人間の土地。あやうい大地に種を播き、絶えることなき小さなくにの営みのお世話をし、分相応の領分を取り戻すことから始めましょう。

粗末な扱いで大方なくしてしまった、生きる基盤を回復し、生活の作法を学び直しましょう。作法ができて、基盤もできたら、大それたことでも、建国だって可能です。

人間の国は、強靭さでもって手前勝手に建てられるものではなく、どこまでも世界との融和を目指し、怖れを抱きながら、祈るようにして立ちます。輪郭はにじみ、おぼろげで、紛れるように流れ流れる仲間たちの営みの地であり続けられれば、それだけで幸いです。

とうとうたる潮流の中に、私たちを見つけ続ける旅は、くにつくりの道ともなるのです。

予感する近未来を呪いながら、いつの日か、子どもや若者らが野に放たれる日を夢想します。

うろたえることもなし
武器よさらば
ゆるゆると、世界は野となれ山となれ！

2015・10・5（「菜園たより」10月4週号）

冬近し

今年は久々に、秋が深まっていきます。天は高く、イノシシ、アライグマ肥ゆる秋です。野の扉の畑も、かつてない蹂躙を受けています。毎朝、心身構えて畑に出発します。

まず収穫に立ち寄る自宅に近い畑は、山から少し離れているので、時間の猶予が与えられていますが、それが1カ月か1年か、それとも数年なのかわかりません。次に鶏の世話をしに、山へと向かいます。道すがら、新しい痕跡（イノシシのミミズあさりのあと）を確認します。

昨年は、1週間くらいのインターバルをおいて塗り替えられていたものですが（一昨年は、数カ月に1度であった）、ある程度予想していたとはいえ、現実は身に迫ってきます。

鶏舎の周囲は、もう完全にイノシシのテリトリーです。

今では、私が侵入者です。

おぜん立てに百有余年、原発事故とＴＰＰで総仕上げ。おあつらえの追い風にあおられ、大躍進はいまだ序の口か。

別の畑では、本葉が2枚ほどの大根（虫が少なくなったので、ネットなし）が数本踏みつぶされ、落花生はアライグマに掘り食われています。山芋だけは、町から借りた電気柵で守っています。

他人事ではありません。私の目の前で起こっている形勢の逆転は、町中で、日本中の田舎で起こっていることだからです。深刻な事態を楽しみに変え、被害の加速に合わせて喜びもいや増す、そんな物事の見方が必要なので考案中です。ワクワクしながら秋の夜長を過ごします。

オイラ　イノ吉

2015・10・26（「菜園たより」10月4週号）

人間の皆さんは、足りない時、足りても気に入らなければ、そこいらで買ってくりゃあいい。オイラ、イノシシは買い物はしない。だから農家には申し訳ないけど、時に畑のものも頂戴する。土を肥やしてミミズを増やしてくれる農家には、ホント感謝してますよ、ハイ。

だけど、オイラにはオイラの道があって、作物踏みつぶすこともあるし、畔《あぜ》を壊しミミズはいただく。時々、お百姓の泣きっツラを思い浮かべることもある。

そんな時オイラは、農家なんてみんな止めちまって、買ってくるようになればいいのにって思っちまう。

でもここんとこ、人間ども正気とは思えない。そこいらじゅう土にフタして、妙なものをうちゃり、あたり一面まき散らしたりしてるっていうじゃないか。「何しやがんだ！」って、オイラだけじゃない、みんな怒ってるさ。だから、いま残ってる泥はみんなオイラたちのもんだ。人間どもは失格！　出て行けってね。

なんでもいつでも買い物っていうのもどうかな。それも地べたの果てのでっかい水たまりの向こうから買ってくるっていうんだから。へーというほかない。世界は広いね。食い物があふれてるってのは、どんな所かね。

オイラは売らない、売るもんなんかない。せっせと掘って、かん回してもトントンだね、やっぱり。

これから冬越し仕度さ、厚い皮下脂肪を蓄えなくちゃいけないし。売る食い物があふれてるって、やっぱし信じられん。カラクリがあるに違いないよ。そのうちきっとポシャるよ。で、そん時どうすんのかね、あんたら人間たち。でも、泥は渡さないよ。

……イノ吉ひとり言を書いて早々に、暴れ雄ジシは、写真のごとく相成りました。翌朝の点検見回りは前日までの野山とうってかわり静まり返っています。ケモノたちは皆、喪に服しているようでした。

深谷太陽光発電所問題について

2015・11・10（「まちねっと○○通信」42号掲載）

太陽光発電を考えるに、太陽光エネルギーのことをもう少し考えてみたい。

つまり私たちが太陽光エネルギーで生きていることを思い出しておこう。私たちの肉体も、その動作も、思考のためのエネルギーも、植物が光合成で太陽の光を利用してこしらえるものを食べることで得られます。

食糧を自給、あるいは地産地消するとは、身近に降りそそぐ太陽光を使用して生きることであり、いっぽう食糧の輸入は、目の前の宝をむざむざ見送り、かなたに降った太陽光をわざわざ石油を使って持ってくることでもあります。

石油、石炭、天然ガスは、かつての太陽光でもあります。水力発電だって、元のエネルギーは太陽光です。水を蒸発させては大気を動かし、高々と持ち上げ、山の頂《いただき》に雨を降らせる循環は、太陽のなせる技です。

温暖化問題とは、二酸化炭素うんぬんよりも、太陽が今と太古の2つ照りつけている暑苦しさのことです。ちなみに原子力エネルギーは、ちょうどよい地球誕生の余りもの、封印されてこその、冥府の太陽のごときもの。私たちは3つ目の不吉な太陽を加え、加熱しすぎ、進んで燃え尽きようとしています。

私は、過去や冥府に頼らない、本日、昨今のおてんとうさんの利用を考えたい。屋根や、ちょっとした空間を利用しての発電は、あのあと一気に進みました。しかし、森林や草原を生かし、バイオマスを経由する太陽光エネルギーの活用は、ほとんど手つかずです。蓄電池の開発がなかなか進まないなか、太陽光発電は、発電パネルとバイオマスが相補うことで安定するはずです。

太陽光を受け取り、枝を伸ばし、繁った樹木は、すぐれてエネルギーを蓄養しながら、具合が良いことに天然のクーラーの役割も果たすのです。かさばっても安定的で、エネルギーを取り出しやすいバイオマスほどの優れものは見当たりません。

もったいないことに、置き去りにされた森林がイノシシを養い、私たちを追い立てます。私たちは、森に向きあい、頭をたれ、その恵みをいただく生き方を選ぶことだってできるのです。

暖冬？

2015・11・24（「菜園たより」11月4週号）

私たちもそうですが、揃いも揃ってお天道さんの軌道から外れていた模様です。というか、またしても置き去りを喰ったわけです。お天道さんって、しつこくこだわるときもあるし、未練を感じさせない、いさぎよさもある。我々は、後々看板を掛け替えたり、自分のせいでもないのに、懸命に言い訳したりするのがオチです。

曰く「11月中どこかでやってくると思った寒気の吹き出しがなく、記録的〝暖冬〟となった」

先のことはやっぱりわからないけれど、投げ売り状態となった直売所の野菜をながめ、年末年始の野菜不足を心配しています。つまり、ほとんどふた月分の野菜を、あとは野となれ山となれという勢いで今売らなければ、全部無駄にしてしまうのです。

うちでは、予定どおりセットをお届けできるよう、いろいろ頑張ってます。

梅は咲いたか、桜は来たか

２０１５・12・16（「菜園たより」２０１５年最終週号）

紅梅も咲き始め、どこかでは白梅も咲いたと聞きます。暖冬のワシントンで桜が、というニュースも流れてきました。

人間の乱調は、思わぬ形で人間に返されます。世界を写すことしかできない人間ではあるけれど、このうえ調べを度外視したデフォルメに飢え、仮想世界への依存を深めて、どこへ向かうのでしょうか。何とか人間社会の外へと心を開き、この道しかないとの呪縛を抜け出したいものです。

ネギボウズ
てるて

2016
2017年

あけまして　おめでとうございます

2016・1・4（「菜園たより」1月1週号）

旅行も久しく出かけたことがないのですが、今年は思い切って小旅行、巨樹巨木巡りということで、里山に分け入りました。

目を見張るような、遠くの人をひき付けるような景観はありませんが、やぶの中は思ったよりも起伏があり、かつての山道は篠竹や倒木にふさがれ、ひとたび中に入れば地図もなし、方向感覚を失うくらいの自然はあります。

ケモノ道がそこここに残され、さまざまな痕跡も見え、パキパキと枯枝を踏み遠ざかる何者かに、身構えることもあります。キツネの後ろ姿もチラリと見えました。

イノシシのヌタ場（泥に体をなすり付けて、寄生する虫などを落とす場所）を見つけましたが、そのすぐそばに、目視でめざしていたモミの木がありました。樹回りが4メートルを越えるかもしれない、なかなか尊いもので、新年早々めでたい心持ちになりました。

さてさて、記録的な暖かさで、何もかもが目新しい新年となりましたが、野の扉の畑からは、相も変らぬ野菜たちが出荷されていくよう、今年一年おささおさ怠らず、新顔を含め次々と送り込まれる難事変事をしのいでいきたいと思います。
皆々様、今年もよろしくお願いいいたします。

一座建立

2016・2・1（「菜園たより」2月1週号）

先輩から賀状で送られてきた言葉は、「支離滅裂　一座建立」。先だってまで〝支離滅裂〟と思われた冬の空気も、ここにきて予想だにしない〝一座建立〟を果たし、お見事です。野菜たちともども、あちこち痛みながらも、どこか安心しています。

そういえば、近年雪が降っても雪ダルマの姿はほとんど見えません。子どもたちは、雪ダルマ作りに情熱を傾けることも、雪ダルマをイメージすることもできないでいるのかもしれません。思いがけず届けられる雪、様変わりした景色の中に、送り主と自分の間に雪ダルマは建立されるのです。忘れてはいけないおまじないとか、心を込めたおつとめだったと思います。

確かに、せっかくの建立された一座も、時と共にみすぼらしくなり、いつか消えてゆきます。それでも、私の雪ダルマの思い出は50年近く経ても残っていて、建立の感触は生涯残ることと思います。

座は、茶屋の中であっても、家屋の内外もかまわず、時空のただ中に正しく適《かな》い、無心であることで身近になります。心掛けても、企てるほどに遠ざかるものでもあります。あたりは支離滅裂と見えて、気づけば目の前にあった建立の時、というわけでしょうか。おそらく機を逃し続け、お門違いに生きてきた私は、手前勝手に「一座建立！」どこかに届くか、霊感に打たれたいものです。

森のおじさん あるいは 星の王子さまの花の話

2016・3・16（「菜園たより」3月1週号）

昨日、近隣有志、仲間たちと里山の下草刈りをしました。立ち入りができぬほど荒れていた山も、4年がかりでスイスイ歩ける山に、木立のあい間に愛らしい起伏を窺うことができるまでになりました。山林所有者、地元の人々の参加はなかなか増えないのですが、清々しい風景を内心喜んでくれているのではないかと、勝手に思います。

まだ皆の下刈りが及ばない奥の方に、森のおじさんはいます。しばらく会わないとどうしても会いたくなるのです。その昔、泉が湧いていただろう、くぼ地、今ではイノシシの「ヌタ場」になっている水たまりを見下ろすように、おじさんは立っています。

イノシシに泥の体をこすりつけられていますが、風格は一つも傷つきません。森のおじさんが里山の奥に今日もいると思うだけで、すそ野の里山を手入れすることは、私の楽しみにもなっているのです。

森のおじさんとは、正月巨木巡りをした、モミの木のことです。

「もし、きみが、どこかの星にある花が好きだったら、夜、空を見あげるたのしさったらないよ」

（サン＝テグジュペリ『星の王子さま』内藤濯・訳　岩波書店より）

２０１６・３・16（「菜園たより」３月３週号）

猪蔵のこと

現在日本国土の67％は森林におおわれているとのことです。先の大戦のさ中、また戦後、復興のため、国中の森林は未曽有の乱伐の犠牲となり、その豊かさを短期間の間に失ったと言われています。

戦争が世界中の人々を傷つけたのは、誰もが知ることなのですが、海、山に取り返しのつかない痛手を与えたことは忘れられがちです。明治維新以降、富国強兵・殖産興業と、熱に浮かされ、自分すら見失い、己を産み育てる故郷から略奪することに無頓着となったのです。

先祖、人間を支える仲間を裏切りながら、人間は、いよいよひとりよがりにも孤立していったのだと思います。

さて、都市、人里の戦後復興ののち、全国一律の治山・造林事業が展開されます。スギ、ヒノキなどの針葉樹ばかりが植えつけられ、雑木とひとからげにされながらも、かつての生活と結びつき、それぞれの特性・樹種を生かす智恵と共にあった多様性よりも、生産効率優先の姿勢が山々に押し付けられたわけです。

花粉禍をはじめ、色々な問題がここに生じたわけですが、木材価格は低迷、人々の生活スタイルも激変し、森は、一部を除きほぼ放置されることになりました。

かくして私たちは広大な猪蔵を持つことと相成ったのですが、蔵の中はいたって暗く貧しく、むしろ木の実を付ける天然林を多く残す里山へ、豊かさを求めたイノシシの移動は必然であったと思われます。村々の過疎・高齢化も、皆さん周知のとおりです。

5年がたってしまった、巨大天災、3・11からの日々、「何か間違っていたのでは……」生き直す……」といった言葉をそちこちで聞いた日々から、1ミリずつでも変わりたいともがいてきたのですが、はたして…

奥山に加え、里山、耕作放棄地が猪蔵となっていくのを、相変わらず人間の業のせいにしていては、結局得るものは一時の戦争景気くらいではなかろうかと思えてなりません。
私には、原発未決着問題、TPP待望論、戦争法、猪蔵のことが、みんな一つながりにしか見えないのです。

憲法と国家を考える

2016・6・22

〈その1〉

日本国憲法は、思想・信条の自由をうたっているが、憲法そのものが一つの思想の表現でもある。日本国憲法は、日本国数十年の経験にかんがみ、生々しい記憶に苦しみ、反省のうちに書かれ、また海外の、ことに西欧の憲法の影響下で書かれた側面を持つ。つまり非常時、限られた知見の元での所産と言えるであろう。

今、私は、現憲法に不足を感じている。大事な感覚が欠けていると思うのだ。

それは、人びとの生活の持続は、それを可能ならしめる外部環境の持続に依存しており、人間の営みは、世界環境の中で同時に進行する無数の生命の営みの一つだという自覚のことである。私たち人間は圧倒的多数の他者との共存を通して、延命する種族であることを忘れてはいないだろうか。

さらに、建国の動機と国家の理念の基となるべき文言が見いだせない。

時代劇などでよく、戦乱の世の武将が、「民、百姓が安心して暮らせる世、戦乱なき世を作る」などなど語る場面があるが、近年では、その変節も大分描かれるようになった。結局のところ、支配者たちが君臨するために作った国家＝禄を頂戴し、そのかわり身命を賭けて体制に忠義を尽くすサムライたちの国と、今まさに我々が国民として生きる国家との違いをよく理解し、表現したいものである。

人間は本来頼りなく、個人ははかないものである。しかし、人は誰しも慢心しやすく、広い視野を欠き、ひとりよがりに陥るものだ。外部環境の脅威にさらされながら、影響を最小限に食い止めるように協力し合い、共存する世界の調和をできるだけ乱すことがないように気を配り、注意し合わなければならない。

失念、おこたり、あやまちは、いずれ私たちの上に災いとなって帰ってくる。参加する者たち皆の、幸福の永続を願い、人間の家、国家は建てられるはずである。

人間は、あまたある生命の種族の中で唯一、世界を徹底的に破壊し尽くす力を得た。生命の頂点に君臨する独裁者として振る舞う無知を脱しなければ、遠からず一切は水泡に帰すことになる。

くどくなるが、人間の立てる国家は世界の中でいかなるものなのか、という命題に向き合い、そのことへの答えが憲法の中心に据えられ、命あるものが従わねばならぬ掟、規律とならなければ、国家、国民の増長はとどまることを知らない。

問題と向き合うことを国家に任せ、結果、他人の手に委ねてきたのが、これまでの国民である。国家は場当たり的に解決を急ぎ、ひとまずの安心を国民に提供する。しかし、これまで、解決されたと思っていた諸問題は、付け替えと先送りによって、今、残らず我々の目の前に姿を変え、現れた。

諸問題のほとんどは、目の前から消し去らなければならないと考えるよりも、よりしなやかに、私たちが変わることによって、引き受けられるべき事柄であった。

思うに、国家は動ぜず、衝撃をゆるやかに受容するための器となり、これを可能にする仕組み、技術が法体系なのだ。

〈その二〉

憲法を考えるのなら、国家権力の手を縛る根拠とされる前に、人間とはどういった存在なのかが想定され、理解された上で考えられなければならない。

世界に許される人間の営みとは？　人間はどのような世界に取り巻かれ生きているのか？　どのような他者たちと共存し、どう振る舞うべきなのか？　といった知恵を人々が広く共有しなければ、客観的な視野を欠き、人間本位で大雑把あるいは過剰な法が出来上がることになるだろう。

人間存在の輪郭がとらえられたら、そのような者たちがなぜ国家を求めるのか。これまで、求められ実現した国家があったとするならば、そうした国々は、どうして国民となった人々の期待を裏切ることになったのか。今後、人々の期待に応える国家の大元となる憲法はどのようなものであるべきなのか、真剣に考えてみよう。

では、いったい何で照らせば、人間存在の輪郭が浮かび上がってくるのだろうか？

過去においては、現在もいくらかの国において、宗教が人間を規定してきた。しかし現在我々は、どの分野も道半ばとはいえ、莫大な人文、科学的知見を持ち、これらは、客観的事実から人間存在を浮かび上がらせている。学問があらゆる角度から人間を照射し、文殊の知恵というべき、さまざまな分野の智の集大成こそが、人間存在を今より明瞭にするだろう。

人間は、長い間、国家という観念に縛られてきた。今、日本といわれる私たちの国についても同様のことが言える。おそらく、祖父母の時代、明治以降のことではあるが、百数十年にわたり国家は、あたりまえのように信じられてきた。しかし、いったん、このくびきから離れてみよう。

かつて地上に生まれた国家が、何がしかの役目を終え、消えてゆくのも自然なのかもしれない。グローバリズムに倒されるわけでもなく、自ら余命を使い果たし、天寿を全うするように退場する、というのはどうだろう。

そもそも、グローバリズムという思考もまた、国家を前提にしていたのだから、国家の消失と同時に役目を終えることになるだろう。

どのような世界が現れるのか、むやみに怖れることはないだろう。人々が当面必要とするのだから、かつてのように、移動、流通はあらゆる分野で継続されるに違いない。が、しかし、人々はむしろ、風土、地域に根ざす生活を大事にする、思い思いの営みにゆっくりと帰ってゆく。

差し迫った課題もある。これまでお任せだった国家と、ほとんどその下請け機関だった自治体が機能しない以上、次々と生じる不便、不都合を、自分たちで何とかしていかなければならない。

多くの大切なものを失い、傷つけ傷ついて、我に返るのだ。

自分たちが何者であるのか、という問いに、膨大な犠牲と時間を費やしてきたことになるが、小さくとも満足すべき答えを得ようとしているのだ。億年を超えて繰り返されてきた命の営み、その中で私たち人間もありとあらゆる種族たちと変わらぬ一員であった、と合点し、せつなせつなを謳歌することになるだろう。

回帰するとは、長い波乱万丈の旅を終えた後の、深い眠りのことなのだろうか。

いいえ、なぜだろう、与えられ、課せられた夢幻から醒めて、なお、ありありと隈なく覚えていて、繰り返し思い返しては、生きることを学ぶことにちがいない。

〈その三〉国家という災い

国家とは、人という自然の一種族が引き起こす天災の到達点なのだろうか、それとも、すぐに忘れ去られる災いの一つの形態なのだろうか。

欲望から生まれた国家によって、世界はもれなく侵されることになった、国々のすき間ない縄張り。

人が力を乱用するにあたって、その取り返しのつかない破壊の権利を与え保証してきた権力の源は、人間本位を顧みない憲法と法体系によって明文化された幻想にすぎない国家。

日本に関して近代とは、まさしく国家の時代であった。

権力のありかをめぐる論議、権力によって保障される権利の話が、そこかしこから聞こえてくる。近代が、怒り、失意、失笑の冷たい視線を浴びて丸裸にされている時、人々も、民主主義、立憲主義といった偶像を失おうとし、基本的人権すら、その手の内で溶けていくのを見守らなければいけなかった。

つまり人々が、近代をどうにかしなければと思っている今こそ、根拠のない既得権を手放す覚悟を持って、桎梏《しっこく》となりかけた国家を立て直せるか、立て直すのかが問題なのだ。

いつでも、どこまでも、他人任せの自分でしかない、と、諦めるふりをやめよう。誰もが、無力でも正直に生きていきたいのだ。私たちは皆、我がことすら思いどおりにコントロールできないと感じている。自分の中には、無名の野生が息づいていて、自分の生命は、体内にうごめく無数の他者との共存を通して実現されているではないか。異種、異類の営みに耳を傾け、眼をみはり、案内を受け入れることで初めて世界の一員になれると理解すべきなのだ。

崇高な憲法、万物の霊長にふさわしい国家などなど、自分に不釣り合いな大言壮語はいいかげんにして、足らざる者、間違える者の寄り合い世帯としての国家と、不足を補うための憲法を模索しなければならない。

そうして私たちは初めて「ならぬものはならぬ」と言える拠《よ》りどころを自分の中に見出す。何かを失う怖れを前にしても、曲がらぬ本義ゆえに、ひるむことを許さぬ己の力を信ずることができる。命の意味に反する事態に、態度は定まるのだ。

さて、国家を建て直すために共に考えてみよう。

〈その四〉

海の向こうでは、海賊党なるものが躍り出たと聞いた。我らも国賊、賊となることをいとわず、もう少し、自然に調和していこうという決意で、手探りの試みの中で、踏み外した者たち、彼らによる政治は、解消されていくことを願う。

火事場泥棒、押し売り、隠ぺい、詐欺、追従、姑息な手段で繁栄を装っても、この道はもう、そう長くない。

穏便に終わらせることと、やり直しが並行して進むためには、やはり、とらわれてきた諸々から新しい心持ちへと、なめらかで期待に満ちた関心の移動が肝となる。社会の転覆よりなにより心の革命が鍵となるわけだ。

社会変革は、心を追いかけてゆく。変革が起こるかもしれない、微熱の情態が続いている。

これでは「ダメ」だという感触、失望が始まりではあった。

一部の人びとが大きな代償を払ったが、虚無、絶望、むなしさの向こう側から、笑顔で、踊るように生きいきと生還する者たちがいて、持ち帰ったみやげ話に一同、思わず知らず聞き入り、たどりつけそうな来世へのあこがれが芽生える。

虚無を突き抜けた時のこと。むなしさの意味。命がけの跳躍ではなく、修行とか研鑽、長い遍歴、悟りとか大それたことではなく、その時が来たから脱皮する。

一皮むくようなちょっとした準備で、あとはおのおのの持っている回路が開かれ、眠っていた力が起動し、それ自体の力で軽々と飛び越えてゆく。良きことの予感が伝染し、未来を招きよせる。そう、未来はやはり我々の末裔である。

寄らば大樹　長いものには巻かれろ。だよね。

2016・6・25（「耕す人の会」会報26号掲載）

ご先祖さんが、農耕を始めました。農耕は色々な条件を、お天道様に頼りっきりなのに、それなりの収穫物を手にしなければやっていられません。しくじったり、当てが外れたりを繰り返し、より確実な収穫へと、ゆっくりと歩んできたことでしょう。

備え、準備し、大事なものを守るよう行動するには、外界のさまざまな動きにも心を配らねばなりません。たとえば、この辺りで北西方向に黒雲が現れれば、雷雨を予想し、北に盛り上がる雲の土手を見つけたら、「からっ風」に身支度をします。

ひどい経験をすれば、そこに至る景色の中に現れた、兆しのようなものを心に刻むことにもなります。もちろん人間は無力で、自然災害は避けられず、予知できても、不意打ちを少しおだやかなものへと変えられるのがせいぜいです。

他方、人間が引き起こす災害・破壊は、防いだり、避けることができるかもしれません。今後、無事な収穫を望むのであれば、過去、ご先祖さんを苦しめてきた圧政、戦争、先だっての原発災害などは真っ先に遠ざけておかねばなりません。この種の仕事も、私たちが天気予報を聞いたなら、大雨、大風対策をするのと同じことで、ことさら〝政治的〟でも何でもなく、ごく平素の仕事、とても保守的な仕事だと思うのです。

昨今のこの国の政治は、彼らの言う〝保守政治〟とはアベコベで、「保守」という言葉もメチャクチャで台無しです。

イノシシは、大樹の根元をねぐらとし安らぐと言います。私たちの大樹はさて、何でしょう。

「長いものに巻かれろ」の「長いもの」とは、ここ百有余年で大層エラくなった人間のドヤ顔のひとときではなく、その数十、数百倍もの長い時の流れに身をゆだねることです。

小さな者たちが海、山、大空に尋ね続け、これから先もずっと、おそれかしこまり、抱かれ続けていくのだと、いいかげんに「観念しなさい！」という風に、思えばよいのですよね。

さて、それでは大樹を切り倒し、長いものを断ち切るのは、どんな行為、どんな人たちでしょう。よーく考えて、平素の仕事をおのおのつつがなく。

2016・7・16（「菜園たより」草稿）

野菜工場

近年、野菜工場の話題をよく目にします。なるほど、野菜作りとはこのようなことかと思います。つまり、驚いたことに私たち農家は野菜作りなど、これっぽっちもしてこなかったのだと、気づいたからなのです。

野菜を作るのは、その種と、成長の糧と環境を与える土、水、空気、太陽に他ならず、私たちは邪魔にならぬよう、少しばかり下働きをするにすぎないからです。あらかたお天道様にお任せして、成果を頂戴してきたわけです。うまく収穫にこぎ着けたら、めっけものだと思っていればよいのです。

野菜工場の野菜作りには、何もかも管理下に置くことで、目論見どおりの成果を得ようという、人間ならではの強い意志があります。傲慢ともとれますが、追い詰められ、隘路を行くようなわびしさもあります。実際管理する者には、管理を怠らぬ自己管理が求められるでしょうし、農家につきまとう、最終的な無責任さ・いいかげんさとは、様子が違います。

人間のただならぬ自負は、心を重くすることもあるだろうし、はた迷惑も引き起こします。

世界を見渡せば、農耕、牧畜、投資、貯蓄は、人間だけの専売特許でもないようですし（ある種のアリとか）、誇りを地上に堕《お》として楽になることはできぬのでしょうか。

自由って、己の命に翻弄され、自然にもみくちゃにされながら、ひたすら生き長らえる躍動（はたから見れば、ジタバタですが）のことだと、私には思えます。

物事が計画どおりに進行する不自由。

我らが自由は、嘆くより、開き直って〝吉〟です。

野良

2016・9・28（「菜園たより」草稿）

誰かが「野」というとき、それは、野良＝人が立ち入り、働きかけ、恵みを頂戴する田畑・里山あたりのことか、あるいは奥山・原野・荒れ野のことか、どちらかです。

「野の扉」の私たちが、東京からここ○○町へと移住した当時、野良のちょうど中ほどにいたような気がしますが、今では、野良のヘリ、山林・原野と向き合うことが多くなりました。

たぶん同時に、都市に暮らす人々の心もしだいに野良から離れていきましたが、食べ物を通して、世界のどこかの野良とつながっています。この間、食べることへの関心も高まりこそすれ、薄れることはなかったかと思います。

ただ、この国の野良だけは、原野の中へ急速に没していきました。

私はこの悲しいギャップをいくらかでも埋めたいと、切に思います。

7月の新聞に、農水省による調査報告が小さく掲載されていました。

記事によれば、就農人口は、私たちの移住したころの１９９０年に４００万人を越えていたのに、２０１５年には２００万人を割り込んだということです。高齢化も進み、全就農者の半数以上が70歳を越えているとのこと、２０２５年、あと10年後には１００万人を切ってしまうことでしょう。

野良は遠く、ほとんどの人々の記憶からも消えて、原野へと去っていくのです。

本当にそれでいいのでしょうか？

野良の歴史は、国家とか経済よりもずっと古い。人間が生きる限り、その体と生命活動の糧は、野良からもたらされるのですから、実体として、私たちの過去と未来の一切が、ご先祖様も子孫も皆、野良にあるといってもよいでしょう。

国家や経済がついえても、人と野良の関係は変わらぬことと思います。

この国の人々が、割に合わず、厄介な野良との付き合いを放棄するのは、私がとやかく言うことではありません。しかし、アフリカの沃野に手を伸ばし、自分たちの野良にしてしまおう、そこで生活する人々を追い払い、「フロンティア！」なんて、なんとなさけない。イヤですよね、ダメですよね。

「美し国」でしたっけ。金メダルは、16個でしたか？

この国はこの先どうやって生きながらえていくのか。盛りだくさんの生活の中で、食事、食べ物の位置付けを思案し、この国の野良をどうしたらよいのか、態度を決めねばなりません。

切り離すことのできない一体としての生活を考える中で、国家とか、原発などの巨大技術のこと、破壊者である戦争は、どのようにして、どこから入り込んでくるかも同時に何もかもが連関していると覚悟し、皆で考えなければならない時ではないでしょうか？

TPP特別委員会公述人への応募

2016・11・26

環太平洋パートナーシップ協定等に関する
特別委員会委員長殿
環太平洋パートナーシップ協定等に関する特別委員会公聴会の公述人公募に、応募します。

○意見を述べようとする理由

私は今から25年前に東京より埼玉県○○町に移り住み、就農しました。そのような者が努めてながめてきた、都市と農村の変貌から今日を考える、たぶん都市の人々、また農村の人々にもないであろう視点より意見があります。

○環太平洋パートナーシップ協定の締結について承認を求めるの件についての意見

環太平洋パートナーシップ協定（以下TPP）の締結には、反対です。

卑近な話より始めます。現在夫婦2人の小農家で、有機農家という分類です。多種類の野菜を育て販売していますが、落花生も作っています。今年も何とか「あとは焙煎、袋詰め」まで、たどり着きました。毎年思うのですが、生産者が減っていく中、小さな農家の依頼を集めて加工を行う業者さんが、来年もはたして続けてくれているのかと、心細くなります。

このような落花生豆の焙煎や小麦の製粉を始め、我々農家には荷が重い加工を請け負ってきた施設が成り立つには、どうしてもそれに見合う生産のすそ野がなければなりません。TPPによって、人々の生活に直ちに影響が現れるわけではないでしょう。たぶん、すでに忘れられた食材は数え上げることもできないし、世界中から新しい食材がやってきて万事順調に見えます。半分消えかかった食文化の一角に、いわゆる〝和食〟とやらもあるのです。

むろん、TPPいかんにかかわらず、この国の農業はこれまでどおり衰退していくことでしょう。私の見てきた数十年、一貫して伝統的農業はないがしろにされ、厄介者扱いされてきたからです。

田園風景のめだたぬ変化。知らぬ間に人々の原風景も姿を変えていくのです。

人は守りたいものがあってこそ規制や制限を設け、それを保護しようとするのです。それはまさに自由意志による守りにほかなりません。思いが強いほどに、周到に岩盤のようなものを作り上げるのです。

岩盤規制は、どうして、誰が作り上げたのでしょう。理解する心を持たぬものが現れ、得々としてそれらの破壊を宣言。話し合いも合意を形成しようという兆しもありません。

産業経済界の強い願いと聞きますが、それらの世界は、自然界とか人間界を包摂する生物界の小さな一部のことではないでしょうか？

ＴＰＰを推進する人々が、規制や保守の仕組みをジャマと感じたとしたら、守りたいという気持ちをもう失くしてしまったのでしょう。ＴＰＰをはさんで守るも攻めるも話はかみ合うはずもありません。

おそらく、心とか魂に関する選択なので、政治には、変心・変節の説明と、岩盤破壊の理由を納得のいくまで説明することが求められています。自覚と覚悟もなく、長い長い年月の積み重ねを無駄にしてしまえば、目の前の利便、流入する安価な商品と反対に、相当に高くつく大きな犠牲を払うことになるでしょう。

この道しかないという前に、なすべきことが山ほどあります。内向き、保護主義などと決めつける前に、この国の足元を見つめること、この国の四肢、田園風景を静かに見つめる必要があります。

村に、一本の舗装道が通りました。そうしてその数倍の長さの道が森の中に沈んでいきました。網の目のように張り巡らされた道が失われ、今ではこの道しかないありさまです。田畑、山林の潜在力がじっくりと検証されたことはあるのでしょうか？

幸せの質が話し合われたことがあるでしょうか？

失われた道、村人がそこに通うこともなくなり、失われた物の価値をはかる試みもせずに、ただ、この道を有難がることなど、浅はかも過ぎます。

今こそ議論のときです。

永劫回帰のゆくえ

2016・12・19（「菜園たより」12月最終週号）

ここ数日厳しい寒さです。

じっとしていると、寒くていけません。

秋以来の腱鞘炎は、自分なりにあれこれ世話をやいているのですが、身をちぢませているとよろしくありません。

そこで穴掘り、芋掘りで体を芯から温めたくなります。頼りない日射しでも外気温が零度を上まわれば、芋を掘り出し始めます。

表面の凍った土をどかし、スコップで山芋のありかと、土中の大まかな形状をイメージできるようにしてから、深掘りを始めます。

いつの間にやら、寒さも痛みも忘れてしまい、山芋掘りは、物思いによい時間となります。掘り出される山芋の姿は千差万別、ムカゴから2年目のものは、とても個性的です。それなのに、「アレッ？」と思うことがまれにあります。見覚えがあるやつ、何年か前に掘り出したのと同じ山芋を、また掘り上げてしまうのです。

しかし私ども、皆30数億年前に生まれてこの方、辛くも生き続け、人類の一員となり、数十年。かつての分身、兄弟たちは、それぞれの道を行き、芋、虫、鳥、草木などそれぞれ、たどり着いた現在なわけです。百億、千億世代、途上は綾なし霞みとなっても、紡ぎ出された者たち。

この私が、スギナでなく、コガネムシでも、イノシシでもなく、ヒトになったのは、本当にただの偶然なのでしょうか？

ずっと遠く未来へ行く誰かは、どのような姿をして、何を見るのかな？

今年は、長い長い歴史の中、人類という一種族に起こったこととはいえ、世界が丸ごと身構えるような、確かに何かを画す年であったと思います。

この道が、願わくば、分岐を繰り返し、若枝が隆々と伸び、広がり、青々とした若葉をゆらす様を夢想しつつ、芋をコンテナへと、ていねいに収納していきます。

2017年1月

空気　水　食べ物　どれひとつとってもあなたは欠くことができない
世界につながれた命は　世界に抱かれながら眠りにつく
眠られぬ夜　一人ぼっちと感じているあなたがいる
いつか　世界へ溶け広がり
無数の命を暖めることになるだろう
「無意味だ」と誰かは言う
そう　お手頃な意味はない
では　私たちが意味の一部をなすのだとしたら？
日々の生活は少しずつ変わっていくだろうか？
それも信じられぬとしたら
虚無は世界にではなく
私たちの心のうちにあるということ
「無意味」とは　そのことに違いない

暗闇へ　梢をのばす　くにつくり

あとがき

夏には待ち遠しい日暮れ時が、秋以降、メランコリックな気分に沈む時間になります。私はこれを、たそがれ四重奏と合点しました。

その一つは、私個人のたぶん年齢によるもの。

二つは、生活圏、身の回りの景観、そこに暮らす人々がもたらすため息によるもの。

三つは、自立に背を向け、依存し、ほとんど隷属を深めるこの国の、荒廃と底なしに低下する士気によるもの。

四つめは、地球規模の生命の危機と、喪失した生命のにぎわいが置いていった寂寥によるもの。


これら四つは、つまるところ通底しているので、重奏を始めます。

朝を待たねばなりません。昨年話題に上った、世界中のグレタさんとその弟、妹たちの愛らしい笑顔を思い出せれば、朝を待ちながら、ごくわずかでも、梢をのばし、幹に力をためられるかもしれません。

野良に落ちていたり、道草のように生えていたもの、古老、諸先輩が漏らしたり、飲み込んだ言葉が、私の心に根を張り、思い思いに芽吹きました。私の心はそのつど波立ち、ちっぽけだけれど奇妙なうねりを持つさざ波を送り出しました。

「書き続けろ」と叱咤してくれた兄や先輩がいました。

私の手書きの紙片からいくつかを拾い上げ、妻の泰子がタイピングしては形を整え、自然食通信社の横山さんの元へ伝えてくれました。横山さんは、野放図な紙の束を受け止め、書物の体裁を与え、送り出してくださいました。

私は野良にいて、遠ざかるさざ波の行方を見届けようと思います。

２０２０年１月22日

伊藤　晃　いとうあきら

〈プロフィール〉　１９６０年東京に生まれる。父親の転勤に伴い、静岡県富士市で高校卒業まで過ごす。富士山のふもと、緑あふれる環境であったが、全国有数の製紙業の街であり、当時、田子の浦港のヘドロ公害、製紙カスの焼却に伴うぜん息の街として、有名であった。

１９９１年、中学生のころから、漠然とこうなるだろうと思っていた、農業へ縁あって踏み出す。埼玉県の農業塾で、妻と一緒に、二人の子供を連れて二年間の研修を受け、１９９３年秋、借地借家で独立。菜園「野の扉」を始める。

自然食通信社の本

ふみさんの 自分で治す草と野菜の常備薬 改訂新版

一条ふみ／聞き手・横山豊子　本体価格1700円＋税

「病い知らせるからだの中からの信号に耳を澄ませて」――民俗信仰の『集まりっこ』のなかで、ばっちゃんの膝に抱かれ〝風のように光のように自然に覚えた〟豊かな薬草の知恵。採取して乾燥させて煎じて、と用事は増えるけれど、そのことによって自分が守られていくということ――。ふみさんからの温かく心にしみる贈り物。

増補改訂版 おいしいから野菜料理 季節におそわるレシピ777

自然食通信編集部＋八田尚子編著　B5判／本体価格2000円＋税

畑から四季折々の味と香りを届けてくれる野菜は食事づくりの心強い味方です。個性的な地元野菜から新顔野菜まで、素材のうま味を上手に引き出す料理を季節別、材料別に網羅。事典としても備えておきたい野菜料理の決定本。

オモニたちから寄せられた環境にやさしい素朴な料理110選

自然がいっぱい　韓国の食卓

緑色連合編　B5判／本体価格2000円＋税

日本では観賞用のあおい（葵）を、お隣の国ではどう料理？　ズッキーニに似た姿の韓国カボチャをスープに？　ゼリー状に固めたそばがきとは？　……料理って奥が深い。野菜の消費量、日本の2倍！　米や雑穀、野菜に乾物、海産物など、豊かな自然の恵みを生かした料理には日本と共通の食材も多く、出会いとレパートリーが広がります。

ニュートンは　リンゴで僕は　弁当で

100年未来の家族へ　ぼくらが作る〝弁当の日〟5・7・5

竹下和男文・写真／宝肖和美・写真　本体価格1400円＋税

「親は手伝わないで」この一言から香川県滝宮小学校で〝弁当の日〟の取組みが始まって18年。「材料の調達から、調理、後片付けまで子どもだけでする〝弁当の日〟」の実施校も、小・中・高・大学2300校に。本書は著者が撮りためた写真と、子どもたち自身の発見と成長、数々のエピソードから掬い上げた川柳128句で構成。

ほどくよ　どっこい　ほころべ　よいしょ

暗闇へ 梢をのばすくにつくり
百姓は想う 天と地との間《あわい》にて

２０２０年４月５日　初版第１刷発行

著　者　伊藤　晃
発行人　横山豊子
発行所　有限会社自然食通信社
〒１１３-００３３ 東京都文京区本郷２-12-９-２０２
電　話　０３-３８１６-３８５７
ＦＡＸ　０３-３８１６-３８７９
http://www.amarans.net
郵便振替　００１５０-３-７８０２６
装　画　てるて
デザイン　関　宙明（ミスター・ユニバース）
印刷所　株式会社東京印刷書館
製本所　株式会社積信堂

ISBN 978-4-916110-41-1 C0061